# 太阳能采暖设计原理与技术

刘艳峰　王登甲　著

中国建筑工业出版社

**图书在版编目（CIP）数据**

太阳能采暖设计原理与技术/刘艳峰，王登甲著.—北京：中国建筑工业出版社，2016.3

ISBN 978-7-112-18885-7

Ⅰ.①太… Ⅱ.①刘… ②王… Ⅲ.①太阳能采暖 Ⅳ.①TU832.1

中国版本图书馆CIP数据核字（2015）第306665号

本书是作者多年在太阳能建筑领域的研究成果积累而成，针对以低温热利用为主的太阳能采暖技术，基于对建筑和设备系统热过程的数学描述，通过大量模拟计算和实测分析，并侧重于以热量蓄调改善建筑热环境的稳定性，建立技术原理、形成优化设计方法。内容包括两个方面，一部分以建筑中的被动太阳能利用技术为主，介绍太阳能在建筑构件上的光热转换过程、建筑外窗等集热构件的热过程、建筑构件的被动蓄热过程以及对应的优化设计方法；另一部分以太阳能热水采暖技术为主，分别介绍太阳能采暖集热系统、热水显热蓄热系统和室内采暖系统的热物理过程和设计运行方法。

本书可作为高等院校建筑技术、暖通空调和建筑设计等专业研究生教学参考用书，也可供从事土木工程、建筑设计和太阳能利用等科学研究、工程技术人员参考。

责任编辑：李玲洁　田启铭
责任设计：董建平
责任校对：陈晶晶　张　颖

**太阳能采暖设计原理与技术**

**刘艳峰　王登甲　著**

*

中国建筑工业出版社出版、发行（北京西郊百万庄）
各地新华书店、建筑书店经销
北京锋尚制版有限公司制版
北京云浩印刷有限责任公司印刷

*

开本：850×1168 毫米　1/32　印张：5⅛　字数：141 千字
2016 年 3 月第一版　2016 年 3 月第一次印刷
定价：**25.00** 元
ISBN 978-7-112-18885-7
（28144）

# 序

利用太阳能作为建筑采暖的热能来源，可大幅度节约建筑冬季采暖能耗。在建筑中利用太阳能采暖的方式包括被动式和主动式两种，前者是运用建筑设计手段，将建筑物自身作为太阳能收集、存储和室内热环境调节装置，而后者则是通过专用的光热转换、存储设备和输配系统为室内供给必要的热量，甚至可利用太阳能光伏设备为主动式输配系统提供必要的电能。显然，被动式手段的建造与运行成本低廉，但调节室内热环境效果稍差，而主动式的成本和调节效果则正好与被动式相反。两者互为补充，联合运行时，可解决我国西部气候寒冷、但太阳能富集地区的冬季采暖问题。

太阳能的优点众所周知，但其固有的能流密度低、能量供给的随机性和周期性等缺点，给太阳能采暖设计带来了极大的困难，何况建筑物的供热负荷本身就是一个依赖气象参数变化的随机量。因此，利用太阳能采暖，在原理和技术上均不是一件容易的事，必须综合运用建筑和建筑设备专门知识，才能提出综合解决方案，形成优化设计方法。而作者先后在暖通空调、建筑技术和建筑学等学科的求学，出版本专著当属必然。

刘艳峰教授从事太阳能建筑热环境领域的基础理论与工程应用研究工作已20载有余。20世纪90年代中期，他曾与笔者一起，完成了国家自然科学基金项目“被动式与主动式太阳房组合优化研究”的研究工作；随后，又一起奔波于青藏高原，共同完成了国家自然科学基金重点项目“西藏高原节能居住建筑体系研究”，他起草了以太阳能采暖为技术特征的西藏自治区《民用建筑采暖设计标准》，主持申报并获准陕西省科学技术一等奖。20多年间，他主持申报并获准数个相关内容的国家自然科学基金项目，揭示了双周期性外扰作用下围护结构动态传热机理和太阳能得热动态蓄调过程，建立了太阳能采暖系统优化设计和运行调节原理与方法，他带领的“西北村镇太阳能光热综合利用创新团队”荣获陕西省重点科技创新团队。长期的理论研究与实践经历和取得的成果已为学界广泛认可，是我国本领域的知名青年学者。

作为作者的硕士、博士指导教师和博士后合作导师，值《太阳能采暖设计原理与技术》专著出版之际，谨表祝贺，以为序。

刘加平

2015年9月28日，于西安

# 前言

目前我国社会总能耗的1/4消耗在建筑用能上，其中北方地区的冬季采暖为建筑能耗的主要组成部分，每年消耗约1.5亿t标准煤以上。随着农村城镇化进程，北方地区的采暖能耗将急剧上升。而北方建筑采暖面临的主要问题是：降低既有城镇采暖系统的能耗水平，探寻适宜于广大农村的新型采暖技术和替代能源。我国西北和青藏高原等地区太阳能资源丰富，以太阳能替代或部分替代常规能源是降低这些地区采暖能耗的有效技术途径。

在现有太阳能采暖方式中，被动太阳能技术成本低廉、简便易行，但热调节困难，难以保证室内热环境需求；主动太阳能采暖调节灵活，但成本较高。就目前技术现状而言，单独采用主动或被动技术均难以获得理想的效果，而将主被动技术结合是行之有效的手段。当两者结合时，建筑热工、被动技术和太阳能采暖系统的热过程和优化原则均区别于各自独立作用情况。建筑热工过程受室外气温和太阳能辐射波动、室内供热动态变化影响；采暖系统需要在被动太阳房背景热环境基础上，承担负荷动态与太阳能集热冲突问题。

因此，太阳能采暖技术首先要降低建筑热负荷水平，以适应太阳能能流密度低的条件；其次要在建筑及周边有限收集条件下，尽可能多地收集太阳能用于采暖；并建立合理的热量蓄调系统，解决太阳能波动与室内热环境稳定之间的矛盾。根据以上技术思路和太阳能热利用基本原理，本书重点介绍主被动太阳能结合条件下的热量蓄调以及适宜的采暖系统设计。

感谢我的导师刘加平院士为本书作序，是他带我进入建筑节能领域，在太阳能采暖研究方面给予我多次点拨和鼓励，才使我能真正享受到科学探索和为人师表的乐趣。本书大量的分析计算和现场测试内容都是作者指导的历届研究生们的辛勤付出而成，是他们与作者在太阳能采暖建筑领域的多年共同坚持，才能形成这本专著。感谢西安工程大学狄育慧教授、西安建筑科技大学王智伟教授在百忙之中审阅本书，并提出宝贵意见。感谢在本书写作过程中，博士生马超、蒋婧、李涛、周晓骏、宋聪、陈迎亚、陈耀文等在文字和图表处理方面的帮助。

本书是作者负责的国家自然科学基金项目“周期性双波动村镇太阳能采暖建筑热过程及其热环境调节研究（50778144）”、“波动双外扰与间歇采暖下太阳能建筑热过程及设计优化研究(51078302)”，国家“十二五”科技支撑计划合作课题“西北传统民居节能技术研究（011BAJ082B01－03）”，国家博士后基金“主－被动太阳能联合采暖建筑热工体系研究（20070411122）”等项目研究成果基础上整理而成，并得到陕西省重点科技创新团队“西北村镇太阳能光热综合利用创新团队（2014KCT－01）”的资助。在此一并表示感谢！

限于著者的学识和水平，本书难免有不妥之处，恳请读者批评指正。

# 目　录

1　太阳能采暖基础知识 …… 1
1.1　太阳辐射 …… 1
1.1.1　大气层外的太阳辐射 …… 1
1.1.2　到达地球表面的太阳辐射 …… 1
1.2　太阳能资源 …… 3
1.2.1　太阳能资源特点 …… 3
1.2.2　我国太阳能资源分布 …… 3
1.3　太阳能采暖方式 …… 4
1.3.1　被动式太阳能采暖 …… 5
1.3.2　主动式太阳能采暖 …… 7
2　建筑外表面太阳能热作用 …… 9
2.1　建筑外表面的太阳能光热转化 …… 9
2.1.1　太阳辐射的吸收、反射和透射 …… 9
2.1.2　透明结构表面光热转化 …… 10
2.1.3　非透明结构表面光热转化 …… 11
2.2　围护结构朝向传热差异 …… 12
2.2.1　室外空气综合温度 …… 12
2.2.2　采暖负荷朝向修正率 …… 18
2.2.3　各向异性围护结构保温 …… 21
3　太阳能建筑集热构件 …… 25
3.1　集热构件热过程 …… 25
3.1.1　物理模型 …… 25
3.1.2　数学模型 …… 26
3.2　集热构件面积 …… 29
3.2.1　室内自然采光要求 …… 29
3.2.2　室内热环境要求 …… 30

3.3 外窗内置窗帘附加热阻 …… 40
3.3.1 外窗内置窗帘物理模型 …… 40
3.3.2 窗帘附加热阻计算方法 …… 42
3.3.3 典型窗帘热阻分析 …… 45
**4 太阳能建筑蓄热构件** …… 51
4.1 建筑构件蓄热过程 …… 51
4.1.1 物理模型 …… 51
4.1.2 数学模型 …… 53
4.2 集热蓄热墙优化设计 …… 58
4.2.1 墙体厚度与材料 …… 58
4.2.2 墙体保温层 …… 62
4.2.3 空气夹层 …… 68
4.3 集热蓄热屋顶优化设计 …… 76
4.3.1 屋顶厚度与材料 …… 76
4.3.2 屋顶保温层 …… 77
4.3.3 空气夹层 …… 79
**5 太阳能采暖集热系统** …… 87
5.1 太阳能集热系统 …… 87
5.1.1 系统形式 …… 87
5.1.2 集热器面积计算 …… 88
5.1.3 实例计算分析 …… 91
5.2 太阳能采暖保证率 …… 94
5.2.1 保证率计算 …… 94
5.2.2 影响因素分析 …… 95
5.2.3 实例计算分析 …… 96
**6 太阳能采暖蓄热系统设计** …… 103
6.1 蓄热系统形式 …… 103
6.2 蓄热系统动态热平衡 …… 104
6.2.1 蓄热量 …… 104
6.2.2 蓄热温度 …… 106
6.2.3 辅助加热设计 …… 107
6.3 蓄热系统设计参数 …… 108

6.3.1 蓄热水箱容积确定 …… 108
6.3.2 蓄热水箱热分层 …… 113
**7 太阳能采暖末端 …… 120**
7.1 太阳能采暖负荷计算方法 …… 120
7.1.1 传递函数法 …… 120
7.1.2 热负荷系数法 …… 122
7.1.3 采暖末端形式选择 …… 126
7.2 辐射供暖地面传热数学模型 …… 127
7.2.1 导热微分方程 …… 127
7.2.2 平面肋片模型 …… 131
7.2.3 地板当量热阻模型 …… 134
7.3 辐射供暖地面散热特性 …… 137
7.3.1 连续运行模式 …… 137
7.3.2 间歇运行模式 …… 139
7.4 地面辐射采暖运行设计 …… 146
7.4.1 太阳房热负荷特性 …… 146
7.4.2 间歇供热量与房间负荷匹配 …… 148
7.4.3 变室温对地板散热量影响 …… 150

# 1 太阳能采暖基础知识

太阳能采暖是指利用太阳能来提升建筑室内温度，以达到采暖目的的技术，可分为被动式和主动式两种。确定太阳辐射强度的量值是利用主被动太阳能采暖技术需解决的基本问题，因此，掌握到达地球表面太阳辐射强度计算方法是太阳能采光面收集热量计算的基础。了解太阳能资源特点及其在我国的分布情况，确定利用太阳能采暖的可行性及优势，为我国利用太阳能采暖提供必要的基础知识。

## 1.1 太阳辐射

### 1.1.1 大气层外的太阳辐射

到达大气层外的太阳辐射量与太阳相对地球的位置有关，受地球绕太阳公转轨道为椭圆形的影响，各月大气层外边界处太阳辐射强度不同，见表 1–1。

**各月大气层外边界处太阳辐射强度（$W/m^2$）** **表 1–1**

| 月份 | 1 | 2 | 3 | 4 | 5 | 6 | 7 | 8 | 9 | 10 | 11 | 12 |
|---|---|---|---|---|---|---|---|---|---|---|---|---|
| 太阳辐射强度 | 1419 | 1407 | 1391 | 1367 | 1347 | 1329 | 1321 | 1328 | 1343 | 1363 | 1385 | 1406 |

可见，严格意义上大气层外太阳辐射强度并不是常数，但考虑到其值差别不大，为了方便分析计算，取各月的平均值 $1367W/m^2$（亦有取 $1353W/m^2$）为太阳常数。

### 1.1.2 到达地球表面的太阳辐射

（1）水平面太阳辐射强度

地球上某处所接收到太阳辐射量是太阳能利用的基础，通常采用赤道坐标系计算到达地面的太阳辐射强度，如图 1–1 所示。太阳光线在地球表面直射点与地球中心的连线与连线在赤道平面上的投影之间的夹角称为赤纬角 $\delta$。地球自转而引起的日地相对位置的变化用时角 $\omega$ 描述。

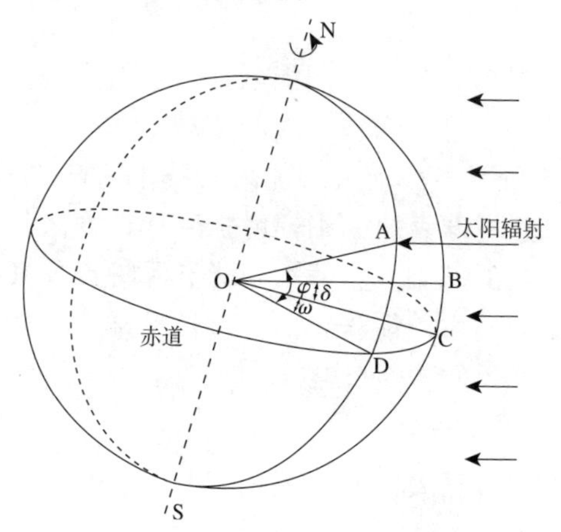


**图 1–1　地球与太阳间各种角度**

在晴空条件下，垂直于入射阳光的平面上直射辐射强度 $I_m$ 一般由下式表示：

$$I_{m} = I_{0}P_{m}^{m} \tag{1-1}$$

式中　$I_0$——垂直于大气层外边界处的太阳辐射强度，W/m²；

$P_m$——大气透明系数；

$m$——大气质量。

到达水平面的太阳直射辐射强度 $H_{b,h}$ 为：

$$H_{b,h} = I_{m}\sin h \tag{1-2}$$

式中　$h$——太阳高度角，°，与地球相对太阳位置有关。

到达水平面上的太阳散射辐射强度 $H_{d,h}$ 为：

$$H_{d,h} = \frac{1}{2}I_{0}\sin h\,\frac{1-P_{m}^{m}}{1-1.4\ln P_{m}} \tag{1-3}$$

（2）倾斜面太阳辐射强度

太阳能收集面通常倾斜设置，倾斜面上的总太阳辐射强度是直射辐射、散射辐射及地表漫反射分量的累积，计算式如下：

$$H_{T,h}=H_{b,h}R_{b,h}+H_{d,h}\frac{1+\cos\beta}{2}+(H_{b,h}+H_{d,h})\rho_d\frac{1-\cos\beta}{2} \quad (1-4)$$

式中 $H_{T,h}$——倾斜面上总太阳辐射强度，W/m²；

$R_{b,h}$——倾斜面与水平面上的直接辐射之比；

$\beta$——倾斜面与水平面之间的夹角，°；

$\rho_d$——地面的反射率。

## 1.2 太阳能资源

### 1.2.1 太阳能资源特点

太阳能与常规能源储量如图1-2所示。可见太阳能资源储量巨大，其可利用年限远远大于常规能源。众所周知，地球上的风能、海洋能和生物质能等均间接来源于太阳能。太阳能是取之不尽、用之不竭的清洁能源。因此，利用太阳能采暖是一项符合可持续发展战略的技术。但是，太阳能在地球表面的能源密度低，且季节、昼夜差别大，同时还受阴晴云雨等随机因素影响，限制了太阳能的利用。因此，对太阳能资源的高效收集、热量蓄存调节等是太阳能采暖需解决的关键问题。

### 1.2.2 我国太阳能资源分布

按照年日照时数和太阳辐射量可将我国太阳能资源分为五类地区，如表1-2所示。我国太阳能资源丰富，超过三分之二地区年日照量时数大于2000h，年辐射量大于5020MJ/m²。结合我国采暖划分区域可知，大部分太阳能丰富地区属于采暖区。因此，在我国利用太阳能采暖技术具有一定的先决条件。

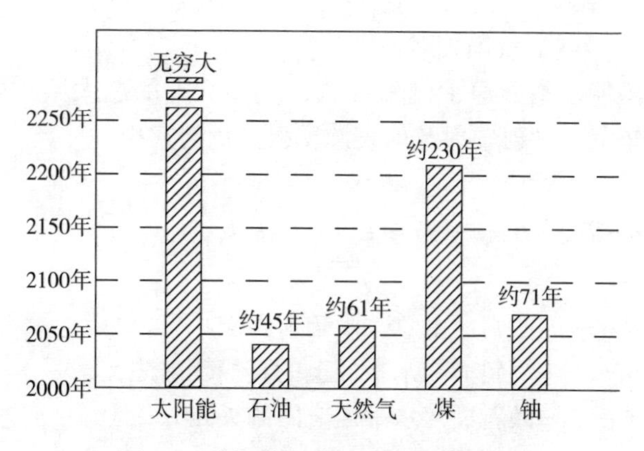


图 1-2 太阳能与常规能源储量对比图

太阳能资源日照时数等级分布表 表 1-2

| 分区 | 年日照时数 (h/a) | 年辐射量 [MJ/(m² · a)] | 包括的主要地区 |
|---|---|---|---|
| 太阳能资源最丰富地区 | 3200 ~ 3300 | 6680 ~ 8400 | 宁夏北部，甘肃北部，新疆南部，青海西部，西藏西部 |
| 太阳能资源较丰富地区 | 3000 ~ 3200 | 5852 ~ 6680 | 河北西北部，山西北部，内蒙古南部，宁夏南部，甘肃中部，青海东部，西藏东南部，新疆南部 |
| 太阳能资源在中等地区 | 2200 ~ 3000 | 5016 ~ 5852 | 山东，河南，河北东南部，山西南部，新疆北部，吉林，辽宁，云南，陕西北部，甘肃东南部，广东南部 |
| 太阳能资源较差地区 | 1400 ~ 2000 | 4180 ~ 5016 | 湖南，广西，江西，浙江，湖北，福建北部，广东北部，陕西南部，安徽南部 |
| 太阳能资源最差地区 | 1000 ~ 1400 | 3344 ~ 4180 | 四川大部分地区，贵州 |

## 1.3 太阳能采暖方式

太阳能采暖可分为主动和被动两种形式。被动式太阳能采暖是通过建筑朝向和周围环境的合理布置、内部空间结构和外部形体的巧妙处理以及围护结构和建筑材料的合理选择，使其在冬季集热、蓄热和分配太阳能的采暖技术，利用被动太阳能采暖技术的建筑称为“被动太阳房”，其构造简单，造价低廉，维护管理方便。主动太阳能采暖是需依靠机械动力，通过太阳能集热器、蓄热装置和机械输送设备等来收集、蓄存、进而输送至建筑室内的技术，可调节性强，但其初投资高、系统复杂。

### 1.3.1 被动式太阳能采暖

被动式太阳房可分为直接受益窗式、集热蓄热墙式和附加阳光间式。

（1）直接受益窗式

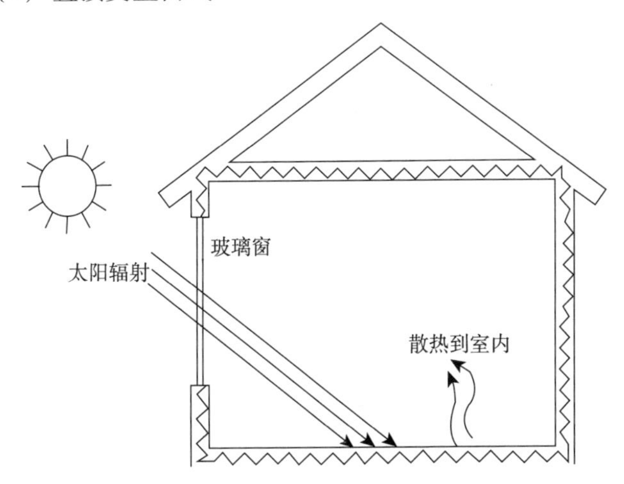


**图 1–3 直接受益窗式太阳房示意图**

在冬季，太阳辐射透过南向透明玻璃构件，直接投射到室内，通过光热转化被具有吸热特性的地板、墙体及家具等蓄热体吸收。被吸收热量的一部分以对流方式传入室内空气，另一部分通过辐射作用将热量储存于蓄热体内，并逐渐释放出，维持一定的室内温度，如图 1–3 所示。室内的地板、墙体等多采用重质材料。南向外窗除具有高透射率外，应具有良好的保温及密封性能。直接受益窗式太阳房造价低廉、施工简单，是较为常用的一种太阳房。

（2）集热蓄热墙式

集热蓄热墙体昼间吸收穿过玻璃盖板的太阳辐射，一部分热量储存在墙体内，以导热方式逐渐传入室内；另一部分热量通过对流的方式通过通风孔进入室内，如图 1–4 所示。集热蓄热墙应选择具有较好蓄热性能的混凝土、砖、土坯等重质材料，外表面多设置吸收率较高的涂层，以便更多地吸收太阳辐射。集热蓄热墙体外设置一玻璃盖板，蓄热墙体上、下分别开有通风孔。由于集热蓄热墙式被动太阳房可营造较好的室内热环境，目前得到了较为广泛的使用。

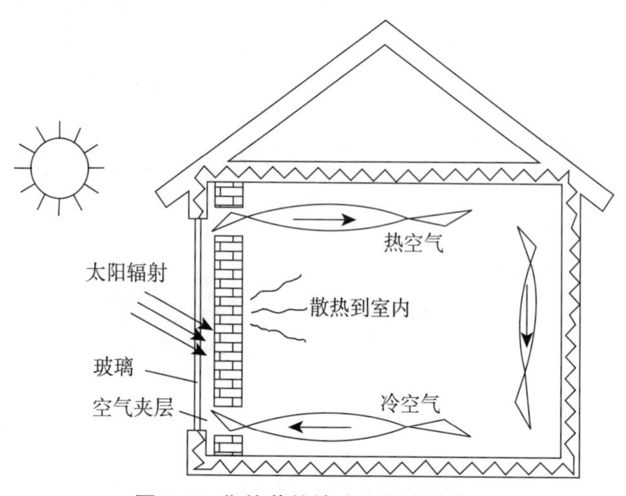


**图 1–4　集热蓄热墙式太阳房示意图**

（3）附加阳光间式

附加阳光间式太阳房分阳光间和主体两部分。昼间透过阳光间玻璃的太阳辐射，一部分通过公共墙上的门窗开口，直接进入房间内被地面、墙体吸收；另一部分照射到公共墙上存储起来，以热传导和对流换热的方式将热量逐步传递到房间内，如图 1–5 所示。附加阳光间作为缓冲空间，对房间热量的散失起到了一定的抑制作用。阳光间围护结构全部或部分由玻璃等透明结构构成，其地面及公共墙需具有一定的蓄热性，当阳光间得到太阳辐射热量时，形成温室效应，提升阳光间空气及蓄热体温度。

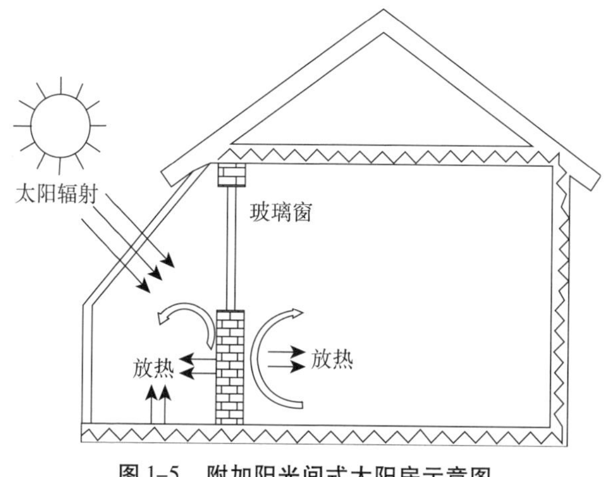


图 1–5　附加阳光间式太阳房示意图

### 1.3.2　主动式太阳能采暖

主动式太阳能采暖系统热媒介质主要有水和空气，目前，太阳能热水采暖系统应用更为普遍。主动式太阳能热水采暖系统主要包括集热、蓄热、辅助加热、散热和控制等子系统，如图 1–6 所示。

集热系统集热器通过光热转化将来自蓄热水箱的低温水加热，并通过循环泵将加热后的高温水输送至蓄热水箱。蓄热水箱接收来自集热系统的高温水，当集热系统集热量大于建筑热负荷时，将多余热量存储，当集热量不足时释放储存热，满足建筑采暖需求。在蓄热系统储热仍无法满足建筑热需求时，辅助加热系统运行。采暖系统通过分集水器将热量输送至各个房间，并利用采暖末端对室内进行采暖。太阳能采暖系统中多设置控制调节系统，用于调节各子系统，根据太阳能集热量、建筑热负荷和系统蓄热量来确定各系统工作状态，使系统协调运行。主动式太阳能采暖系统良好运行的关键是集热、蓄热和散热系统的合理设计及优化匹配。

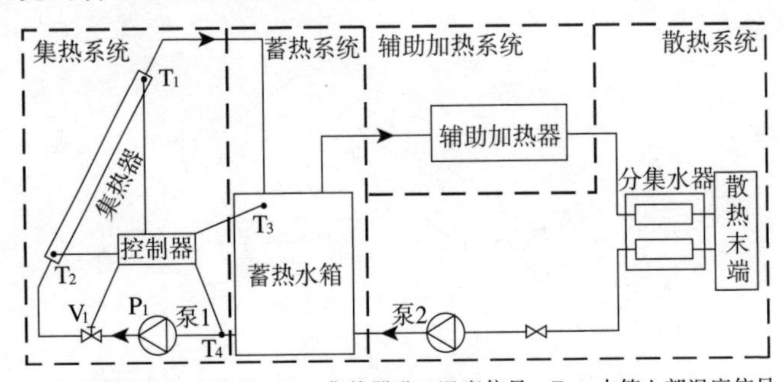


$T_1$—集热器出口温度信号；$T_2$—集热器进口温度信号；$T_3$—水箱上部温度信号；$T_4$—水箱下部温度信号；$V_1$—集热系统阀门启闭信号；$P_1$—集热系统循环水泵启闭信号

**图 1–6　主动式太阳能采暖系统示意图**

## 参考文献


[1] 郑瑞澄，路宾，李忠，何涛. 太阳能供热采暖工程应用技术手册. 北京：中国建筑工业出版社，2012.

[2] 李元哲，狄洪发，方贤德. 被动式太阳房的原理及其设计. 北京：能源出版社，1989.

[3] 何梓年，朱敦智. 太阳能供热采暖应用技术手册. 北京：化学工业出版社，2009.

[4] 罗伯特·黑斯廷斯，玛丽娅·沃尔［编著］，邹涛［译］. 可持续太阳能住宅—策略与解决方案. 北京：中国建筑工业出版社，2011.

[5] 李元哲. 被动式太阳房热工设计手册. 北京：清华大学出版社，1993.

[6] 汪海涛，刘艳峰. 拉萨太阳能集热器竖排安装最佳倾角分析. 节能技术，2009，11（6）：525－526，563.

[7] GB 50495—2009. 太阳能供热采暖工程技术规范. 北京：中国建筑工业出版社，2009.

[8] J. A. Duffie，W. A. Beckman. Solar Engineering of Thermal Processes. New York：John Wiley and Sons，1980.

# 2 建筑外表面太阳能热作用

太阳能本质上是一种辐射能，当太阳辐射投射到围护结构外表面时，通过光热转化被吸收和储存，进而传入建筑室内。太阳辐射对建筑表面的热作用使其成为影响围护结构传热的重要外扰，对建筑冷热负荷及能耗产生重要影响。本章主要讨论建筑外表面的太阳辐射光热转化以及在各朝向围护结构传热差异。

## 2.1 建筑外表面的太阳能光热转化

### 2.1.1 太阳辐射的吸收、反射和透射

当太阳辐射投射到围护结构上时，一部分太阳辐射热量被吸收，一部分热量被反射，其余的辐射热量将透过围护结构进入室内，如图 2–1 所示。

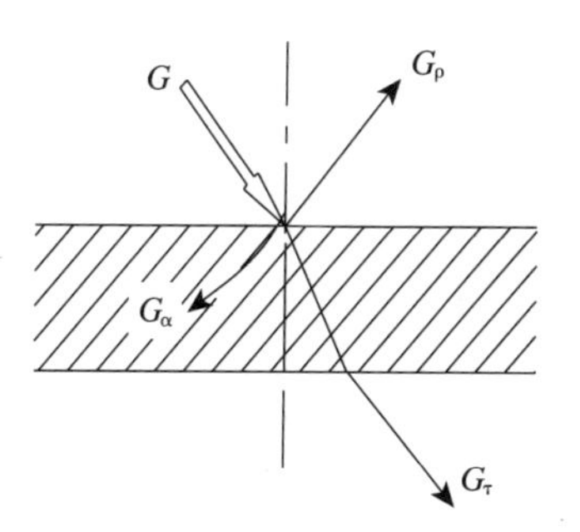


图 2–1 太阳辐射的吸收、反射和透射

假设投射到围护结构上的太阳辐射总能量为 $G$，被吸收部分为 $G_\alpha$，被反射部分为 $G_\rho$，被透射部分为 $G_\tau$，根据能量守恒定律：

$$G = G_{\alpha} + G_{\rho} + G_{\tau} \tag{2-1}$$

利用吸收率 $\alpha$、反射率 $\rho$、透过率 $\tau$ 来描述物体的光学性质。即：

$$\alpha + \rho + \tau = 1 \tag{2-2}$$

常见的建筑围护结构材料大多为不透明体和半透明体。对于不透明体，如混凝土、砖石和金属等，不能透过太阳辐射，有：

$$\alpha + \rho = 1 \tag{2-3}$$

窗户玻璃等结构对太阳辐射中的可见光和近红外线几乎是透明的，但可以有效阻隔长波红外辐射，是半透明体。然而，玻璃对于太阳辐射的整体透过率较高，在建筑中一般认为是透明结构。

### 2.1.2 透明结构表面光热转化

当太阳辐射投射到透明围护结构表面时，一部分热量被透明围护结构外表面反射到室外；一部分透过透明围护结构直接进入室内，被室内各表面吸收，引起内表面温度变化，进而通过对流换热将热量传递给室内空气；其余部分被透明围护结构吸收，自身温度升高，内外表面再以对流和长波辐射的方式与室内和室外换热。透明围护结构表面光热转化过程如图 2–2 所示。

通过透明围护结构进入室内的太阳辐射热量，可表示为：

$$q_{cn} = q_{c\tau} + q_{c\alpha} \tag{2-4}$$

式中 $q_{c\tau}$——透过透明围护结构太阳辐射热量，W/m$^2$；

$q_{c\alpha}$——透明围护结构吸收太阳辐射热引起的室内得热量，W/m$^2$。

透过透明围护结构太阳辐射热量可表示为：

$$q_{c\tau} = \tau_{Di} I_{Di} + \tau_{d} I_{td} \tag{2-5}$$

式中 $\tau_{Di}$——入射角为 $i$ 时透明围护结构的太阳直射辐射透过率；

$I_{Di}$——入射角为 $i$ 时投射到透明围护结构上的太阳直射辐射强度，$W/m^2$；

$\tau_d$——透明围护结构的太阳散射辐射透过率；

$I_{td}$——投射在透明围护结构上的太阳散射辐射强度，$W/m^2$。

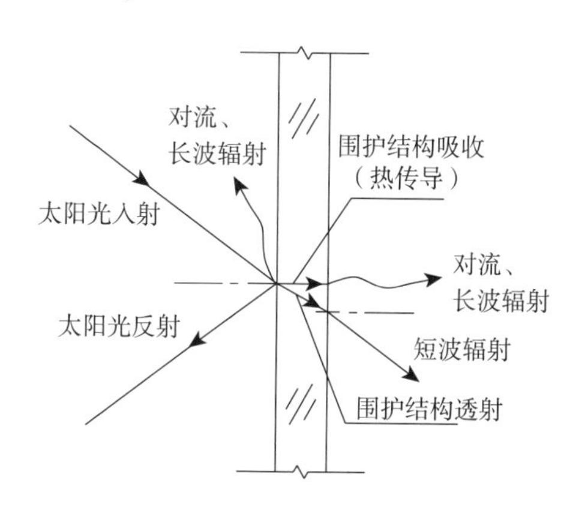


**图 2-2　透明围护结构太阳能光热转化**

由透明围护结构吸收太阳辐射引起的室内得热量可表示为：

$$q_{c\alpha}=\frac{R_o}{R_i+R_o}\left(\alpha_{Di}I_{Di}+\alpha_d I_{td}\right) \qquad (2-6)$$

式中 $\alpha_{Di}$——入射角为 $i$ 时透明围护结构的太阳直射辐射吸收率；

$\alpha_d$——透明围护结构的太阳散射辐射吸收率；

$R_o$——透明围护结构外表面换热热阻，$m^2\cdot K/W$；

$R_i$——透明围护结构内表面换热热阻，$m^2\cdot K/W$。

### 2.1.3　非透明结构表面光热转化

当太阳辐射投射到非透明围护结构表面时，一部分热量被非透明围护结构外表面反射到室外；一部分通过光热转化被非透明围护结构表面吸收。围护结构吸收的热量一部分以热传导方式传递到内表面，内表面分别以对流和长波辐射的方式与室内换热；另一部分储存于围护结构之中。此外，外表面温度升高后，部分热量还将以对流和辐射方向散向室外。非透明围护结构表面光热转化过程如图 2–3 所示。

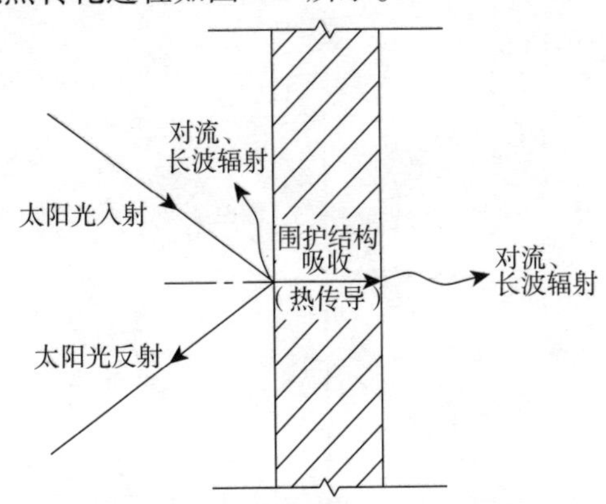


图 2–3　非透明围护结构太阳光热转化

由于非透明围护结构具有蓄热能力，所以当热量作用于围护结构表面时，该表面的温度波动并不会立即引起另一表面同样的温度变化，而是在时间上发生延迟、振幅上发生衰减。

## 2.2　围护结构朝向传热差异

太阳辐射在建筑表面的热作用强度存在朝向差异。这种差异在围护结构热工计算、建筑采暖负荷计算以及围护结构保温设计分析中分别以室外空气综合温度、采暖负荷朝向修正率和各向异性围护结构保温等形式体现。

### 2.2.1　室外空气综合温度

为便于围护结构传热计算，将太阳辐射和环境长波辐射等效为温度值，结合室外空气温度得到一个当量的室外温度，即室外空气综合温度。室外空气综合温度体现了室外空气温度、太阳直射辐射、天空散射辐射、地面反射辐射以及环境长波辐射对围护结构外表面的综合热作用。其中，环境长波辐射主要包括大气长波辐射、地面和周围建筑及其他物体表面的长波辐射。室外综合温度的计算以建筑围护结构外表面热平衡为基础。

根据建筑围护结构外表面热平衡，围护结构外表面得热量为：

$$q = q_s + q_c - q_r \tag{2-7}$$

式中 $q_s$——围护结构外表面太阳辐射得热量，其包括太阳直射辐射、天空散射辐射和地面反射辐射，地面反射辐射相对于太阳直射辐射、天空散射辐射较小，一般可忽略不计，W/m$^2$；

$q_c$——围护结构表面对流换热量，W/m$^2$；

$q_r$——围护结构外表面与环境长波辐射换热量，W/m$^2$。

其中，围护结构外表面太阳辐射得热量和对流换热量可分别表示为：

$$q_s = \alpha_s I \tag{2-8}$$

$$q_c = h_o (t_w - t_{wo}) \tag{2-9}$$

式中 $\alpha_s$——围护结构外表面对太阳辐射的吸收率；

$I$——太阳辐射强度，W/m$^2$；

$h_o$——围护结构外表面对流换热系数，W/（m$^2$·K）；

$t_w$——室外空气温度，℃；

$t_{wo}$——围护结构外表面温度，℃。

根据上述分析可得室外空气温度表达式为：

$$t_z = t_w + \frac{\alpha_s I}{h_o} - \frac{q_r}{h_o} \tag{2-10}$$

由于天空和环境长波辐射强度相对较小，一般在工程计算中，室外空气综合温度通常不考虑天空和环境长波辐射对围护结构外表面的热作用。因此，式（2－10）也可简化为：

$$t_z = t_w + \frac{\alpha_s I}{h_o} \quad (2-11)$$

在计算昼间的室外空气温度时，由于太阳辐射远大于环境的长波辐射，所以可以忽略长波辐射作用。夜间无太阳辐射，天空的背景温度远低于空气温度，忽略建筑和天空辐射换热时，可能导致冬季建筑热负荷的计算值偏低。

室外气温和太阳辐射作为影响室外空气综合温度的两个主要因素，前者可认为在建筑各朝向无差异；而后者具有明显的朝向差异，且这种朝向差异随纬度与季节而变化。

以西安地区为例，选择冬季1月1日、夏季7月1日为典型日，根据公式（2－11）计算得到冬季和夏季典型日室外空气综合温度，如表2-1和表2-2所示。其中，围护结构外表面对流换热系数取23W/（$m^2$·K）；围护结构外表面材料的太阳辐射吸收系数取为0.7。

**冬季室外空气综合温度变化特性** **表2-1**

| 时刻 | 室外空气温度（℃） | 室外空气综合温度（℃） | | | | |
|---|---|---|---|---|---|---|
| | | 水平面 | 东向 | 南向 | 西向 | 北向 |
| 0:00 | -2.92 | -2.92 | -2.92 | -2.92 | -2.92 | -2.92 |
| 1:00 | -3.20 | -3.20 | -3.20 | -3.20 | -3.20 | -3.20 |
| 2:00 | -3.58 | -3.58 | -3.58 | -3.58 | -3.58 | -3.58 |
| 3:00 | -4.00 | -4.00 | -4.00 | -4.00 | -4.00 | -4.00 |
| 4:00 | -4.40 | -4.40 | -4.40 | -4.40 | -4.40 | -4.40 |
| 5:00 | -4.69 | -4.69 | -4.69 | -4.69 | -4.69 | -4.69 |
| 6:00 | -4.80 | -4.80 | -4.80 | -4.80 | -4.80 | -4.80 |
| 7:00 | -4.50 | -2.84 | -4.19 | -4.19 | -4.19 | -4.19 |

续表

| 时刻 | 室外空气温度（℃） | 室外空气综合温度（℃） | | | | |
|---|---|---|---|---|---|---|
| | | 水平面 | 东向 | 南向 | 西向 | 北向 |
| 8:00 | -3.79 | -0.51 | -2.15 | -2.15 | -2.15 | -2.15 |
| 9:00 | -2.80 | 6.74 | 7.31 | 9.41 | -1.02 | -1.02 |
| 10:00 | -1.62 | 11.55 | 6.95 | 15.10 | 0.06 | 0.06 |
| 11:00 | -0.32 | 14.25 | 4.39 | 15.69 | 2.39 | 2.39 |
| 12:00 | 1.02 | 16.06 | 2.94 | 19.23 | 5.34 | 2.94 |
| 13:00 | 2.30 | 15.09 | 4.68 | 16.97 | 10.28 | 4.68 |
| 14:00 | 3.10 | 12.98 | 4.36 | 17.17 | 14.54 | 4.36 |
| 15:00 | 2.81 | 8.60 | 3.55 | 13.48 | 15.46 | 3.55 |
| 16:00 | 2.06 | 3.75 | 2.37 | 2.37 | 2.37 | 2.37 |
| 17:00 | 1.04 | 1.04 | 1.04 | 1.04 | 1.04 | 1.04 |
| 18:00 | -0.08 | -0.08 | -0.08 | -0.08 | -0.08 | -0.08 |
| 19:00 | -1.10 | -1.10 | -1.10 | -1.10 | -1.10 | -1.10 |
| 20:00 | -1.89 | -1.89 | -1.89 | -1.89 | -1.89 | -1.89 |
| 21:00 | -2.46 | -2.46 | -2.46 | -2.46 | -2.46 | -2.46 |
| 22:00 | -2.88 | -2.88 | -2.88 | -2.88 | -2.88 | -2.88 |
| 23:00 | -3.18 | -3.18 | -3.18 | -3.18 | -3.18 | -3.18 |

由表2-1可知，受各朝向太阳辐射强度差异影响，南向、水平面、西向、东向和北向室外空气综合温度依次降低。南、北向室外空气综合温度差异最大，相对于北向，南向室外空气综合温度平均值和最大值分别高3.8℃和14.6℃左右。

**夏季室外空气综合温度变化特性** **表2-2**

| 时刻 | 室外空气温度（℃） | 室外空气综合温度（℃） | | | | |
|---|---|---|---|---|---|---|
| | | 水平面 | 东向 | 南向 | 西向 | 北向 |
| 0:00 | 24.3 | 24.34 | 24.34 | 24.34 | 24.34 | 24.34 |
| 1:00 | 24.0 | 24.00 | 24.00 | 24.00 | 24.00 | 24.00 |
| 2:00 | 23.6 | 23.63 | 23.63 | 23.63 | 23.63 | 23.63 |
| 3:00 | 23.3 | 23.33 | 23.33 | 23.33 | 23.33 | 23.33 |

续表

| 时刻 | 室外空气温度（℃） | 室外空气综合温度（℃） | | | | |
|---|---|---|---|---|---|---|
| | | 水平面 | 东向 | 南向 | 西向 | 北向 |
| 4:00 | 23.2 | 23.20 | 23.20 | 23.20 | 23.20 | 23.20 |
| 5:00 | 23.4 | 25.54 | 37.98 | 23.54 | 23.54 | 23.54 |
| 6:00 | 24.0 | 30.25 | 40.40 | 24.35 | 24.35 | 24.35 |
| 7:00 | 24.9 | 35.80 | 41.84 | 25.43 | 25.43 | 25.43 |
| 8:00 | 25.9 | 41.60 | 41.85 | 26.64 | 26.64 | 26.64 |
| 9:00 | 26.9 | 47.04 | 40.29 | 29.89 | 27.91 | 27.91 |
| 10:00 | 28.1 | 51.51 | 37.31 | 32.82 | 29.20 | 29.20 |
| 11:00 | 29.2 | 54.49 | 33.30 | 34.98 | 30.47 | 30.47 |
| 12:00 | 30.5 | 55.72 | 31.69 | 36.20 | 34.49 | 31.69 |
| 13:00 | 31.7 | 55.16 | 32.85 | 36.47 | 40.92 | 32.85 |
| 14:00 | 32.9 | 53.04 | 33.88 | 35.87 | 46.24 | 33.88 |
| 15:00 | 33.8 | 49.59 | 34.60 | 34.72 | 49.80 | 34.60 |
| 16:00 | 34.2 | 45.13 | 34.73 | 37.10 | 51.14 | 34.73 |
| 17:00 | 33.7 | 39.95 | 34.02 | 38.49 | 50.08 | 34.02 |
| 18:00 | 32.8 | 34.94 | 32.92 | 39.08 | 47.37 | 32.92 |
| 19:00 | 32.3 | 32.30 | 32.30 | 32.30 | 32.30 | 32.30 |
| 20:00 | 32.4 | 32.40 | 32.40 | 32.40 | 32.40 | 32.40 |
| 21:00 | 31.7 | 31.68 | 31.68 | 31.68 | 31.68 | 31.68 |
| 22:00 | 30.2 | 30.18 | 30.18 | 30.18 | 30.18 | 30.18 |
| 23:00 | 28.4 | 28.44 | 28.44 | 28.44 | 28.44 | 28.44 |

由表2-2可知，由于夏季太阳高度角较大，在各朝向中，水平面室外空气综合温度最高。夏季各朝向室外空气综合温度均大于冬季，其中水平面相差最大，南向相差最小。相比冬季，夏季水平面室外空气综合温度平均值和最大值分别高35.2℃和39.7℃左右，南向分别高27.7℃和19.9℃左右。

选取不同纬度的哈尔滨、银川、拉萨三个采暖城市，对冬季太阳辐射的“当量温度”$\alpha_s I/h_o$和室外空气综合温度进行计算分析，结果如图2-4和图2-5所示。

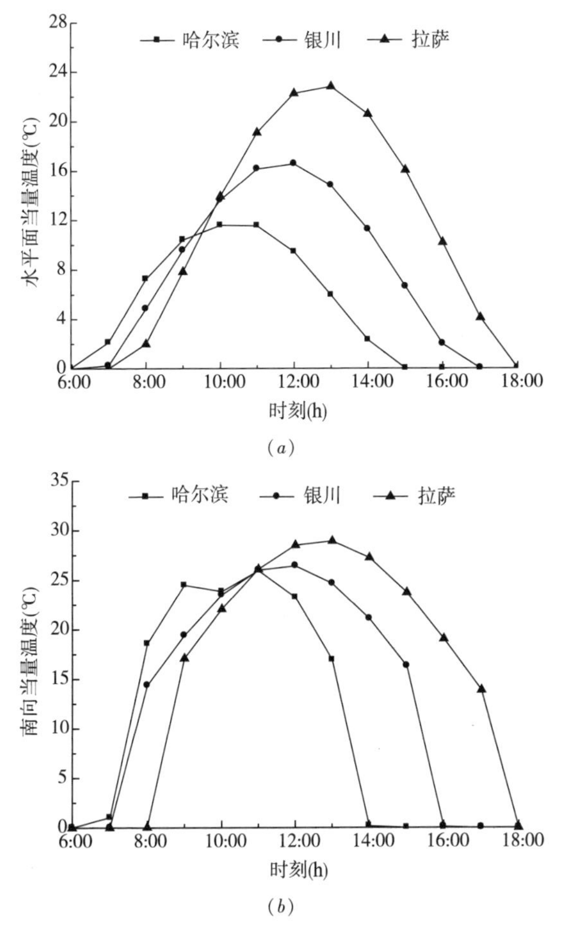


**图 2-4 不同纬度城市太阳辐射的“当量温度”变化特性**

（a）水平面；（b）南向

由图 2-4 和图 2-5 可知，在哈尔滨、银川和拉萨三个城市中，随着纬度的降低，室外气温和太阳辐射强度均依次升高，由太阳辐射强度引起的“当量温度”也逐渐增大，使室外空气综合温度依次升高。随太阳高度角逐渐增大，水平面太阳辐射的“当量温度”增幅加大；而南向增幅减小，导致南、北向太阳辐射的“当量温度”之差变小。

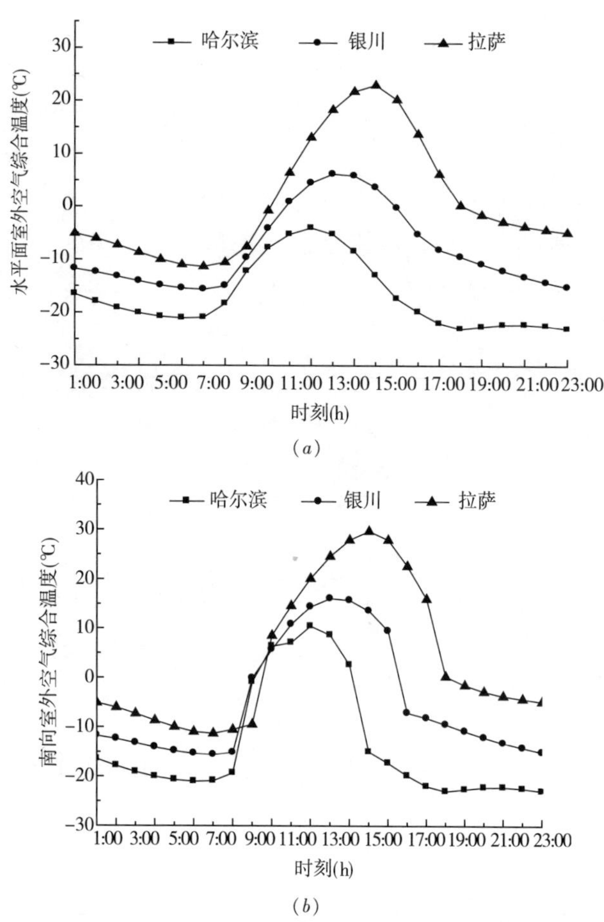


**图 2–5　不同纬度城市室外空气综合温度变化特性**

（*a*）水平面；（*b*）南向

### 2.2.2　采暖负荷朝向修正率

太阳辐射对各朝向围护结构传热耗热量的影响差异可采用采暖负荷朝向修正率进行修正。在现行暖通设计规范中，围护结构采暖负荷朝向修正率取值范围较大，不利于获得较为准确的取值，可能导致不同地区采暖负荷计算结果与实际值存在偏差。下面将给出典型地区采暖负荷朝向修正率。

采暖负荷朝向修正率计算式可表示为：

$$\xi = -\frac{Q_z - Q_a}{Q_a} \tag{2-12}$$

式中 $Q_z$、$Q_a$——考虑和未考虑太阳辐射热作用的围护结构传热耗热量，W。

采暖负荷朝向修正率计算中，计算 $Q_a$ 时，室外计算参数取冬季室外计算温度；而计算 $Q_z$ 时，取采暖期室外空气综合温度。

我国采暖区域大，若对每个城市逐一进行计算工作量大，且在同一个建筑热工设计分区中太阳能资源相同的地区，建筑采暖负荷朝向修正率相差不大。因此，根据太阳能资源分区和建筑热工设计分区，提出综合分区简化计算区域。

在我国严寒和寒冷地区大多需要进行集中采暖，但在部分夏热冬冷地区，建筑也有自主供暖的需求。因此，有必要对该类地区进行分析。将太阳能资源分区和严寒、寒冷及夏热冬冷地区重合部分重新划分区域，对于重合度较小的区域，可以不必考虑。分析得出十种综合分区表 2–3 所示。

**太阳能资源和建筑热工综合分区表** **表 2–3**

| 建筑热工设计分区 \ 太阳能资源分区 | 太阳能资源分区Ⅰ | 太阳能资源分区Ⅱ | 太阳能资源分区Ⅲ | 太阳能资源分区Ⅳ | 太阳能资源分区Ⅴ |
|---|---|---|---|---|---|
| 严寒地区 | Ⅰ—严寒 | Ⅱ—严寒 | Ⅲ—严寒 | Ⅳ—严寒 | — |
| 寒冷地区 | Ⅰ—寒冷 | Ⅱ—寒冷 | Ⅲ—寒冷 | Ⅳ—寒冷 | — |
| 夏热冬冷地区 | — | — | — | Ⅳ—夏热冬冷 | Ⅴ—夏热冬冷 |

在以上十种综合分区中分别选择典型城市对建筑采暖负荷朝向修正率进行分析。对于覆盖范围较大的分区适当增加城市个数。各典型城市采暖负荷朝向修正率如表 2–4 所示。

典型城市采暖负荷朝向修正率　　表 2–4

| 分区类型 | 城市 | 采暖负荷朝向修正率（%） | | | | |
|---|---|---|---|---|---|---|
| | | 水平面 | 东向 | 南向 | 西向 | 北向 |
| Ⅰ-严寒 | 格尔木 | -29.7 | -4.2 | -23 | -14.4 | -0.4 |
| Ⅱ-严寒 | 西宁 | -24.2 | -3.3 | -8.4 | -3.1 | -1.8 |
| Ⅲ-严寒 | 赤峰 | -18.0 | -3.3 | -9.4 | -3.7 | -1.6 |
| | 克拉玛依 | -14.2 | -2.1 | -9.1 | -3.0 | -0.5 |
| Ⅳ-严寒 | 哈尔滨 | -12.8 | -1.6 | -3.2 | -1.8 | -1.0 |
| Ⅰ-寒冷 | 拉萨 | -39.0 | -9.5 | -24.9 | -8.8 | -5.3 |
| Ⅱ-寒冷 | 喀什 | -20.5 | -2.3 | -5.9 | -5.9 | -2.3 |
| Ⅲ-寒冷 | 北京 | -28.0 | -6.2 | -20.5 | -6.1 | -3.8 |
| | 太原 | -23.2 | -1.7 | -8.7 | -3.3 | -1.1 |
| Ⅳ-寒冷 | 丹东 | -21.8 | -5.0 | -5.6 | -2.7 | -2.2 |
| Ⅳ-夏热冬冷 | 武汉 | -33.8 | -3.9 | -5.6 | -4.1 | -2.7 |
| Ⅴ-夏热冬冷 | 重庆 | -58.0 | -9.0 | -19.9 | -14.5 | -5.2 |

由表 2–4 可知，建筑采暖朝向负荷修正率与太阳辐射强度成正比，与建筑室内外温差成反比。一般来说，对于同一个建筑热工设计分区，太阳辐射等级高的地区，采暖负荷朝向修正率相对较大；而对于同一个太阳资源等级分区，寒冷地区比严寒地区的朝向修正率大，夏热冬冷地区比寒冷地区的朝向修正率大；此外，一些地区，如重庆，虽然太阳辐射等级不高，但室内外温差较小，其建筑热负荷值较小，其采暖负荷朝向修正率要比某些太阳能资源丰富的地区高。

太阳辐射强度是影响采暖负荷朝向修正率的决定性因素。为简化计算，将大量城市建筑围护结构朝向修正率计算结果按照太阳能资源归类，取值范围如表 2–5 所示。

采暖负荷朝向修正率推荐取值范围　　表 2-5

| 太阳能资源分区 | 采暖负荷朝向修正率取值范围（%） | | | |
|---|---|---|---|---|
| | 水平面 | 南向 | 东、西向 | 北向 |
| Ⅰ | −40～−30 | −30～−25 | −15～−10 | −5～0 |
| Ⅱ | −25～−20 | −15～−10 | −10～−5 | −5～0 |
| Ⅲ | −25～−15 | −15～−8 | −8～−3 | −5～0 |
| Ⅳ | −20～−10 | −10～−5 | −5～−3 | −3～0 |

### 2.2.3 各向异性围护结构保温

太阳辐射对建筑各朝向热作用差异导致围护结构传热量不同。当建筑采用各朝向等热阻的保温构造形式时，南向围护结构阻碍了太阳辐射得热，北向围护结构太阳辐射得热不足，热损失较大，造成了南、北向房间室内热环境存在较大差异。为缓解南热北冷的情况，应降低北向围护结构传热损失，同时提高南向围护结构对太阳辐射的利用率，提出依据等热流强度原则的围护结构各向异性保温技术。

（1）各朝向围护结构传热分析

不考虑太阳辐射对建筑围护结构热作用，围护结构的传热热流可表示为：

$$q_{\mathrm{nun}} = K_{\mathrm{u}}\ (t_{\mathrm{n}} - t_{\mathrm{o}}) \tag{2-13}$$

以等热流原理为基础的各朝向围护结构传热系数不同，各朝向围护结构传热热流可表示为：

$$q_j = K_j\ (t_{\mathrm{n}} - t_{\mathrm{z},j}) \tag{2-14}$$

为满足节能计算要求，设计各向异性保温时，围护结构传热热流等于未考虑太阳辐射对建筑围护结构热作用影响的传热热流：

$$q_S = q_E = q_W = q_N = q_{nun} \tag{2-15}$$

即：

$$K_u (t_n - t_o) = K_j (t_n - t_{z,j}) \tag{2-16}$$

式中 $q_S$、$q_E$、$q_W$ 和 $q_N$——南、东、西、北向围护结构传热热流，W/m²；

$q_{nun}$——现行设计围护结构传热热流，W/m²。

$t_n$——室内计算温度，℃；

$t_o$——采暖期平均室外空气温度，℃；

$t_{z,j}$——采暖期各朝向室外综合温度，℃；

$K_u$——围护结构均匀传热系数，W/(m²·K)；

$K_j$——各朝向围护结构非均匀传热系数，W/(m²·K)；

$j$——$S$、$E$、$W$ 和 $N$。

建筑各朝向围护结构内表面温度计算如下：

$$t_{wi,j} = t_n - K_j R_i (t_n - t_z) = t_n - \frac{R_i}{R_j} (t_n - t_{z,j}) \tag{2-17}$$

式中 $t_{wi,j}$——建筑各朝向内表面温度，℃；

$R_i$——内表面换热热阻，m²·K/W；

$R_j$——各朝向围护结构总传热热阻，m²·K/W。

当建筑围护结构采用非均匀传热系数构造时围护结构的内表面温度相当，很大程度上缓解了围护结构内表面温度南高北低的问题。

（2）各向异性保温设计

按照围护结构等热流原则，得到北向围护结构非均匀传热系数为：

$$K_N = \frac{K_u (t_n - t_o)}{t_n - t_{z,N}} \tag{2-18}$$

北向围护结构受太阳辐射热作用较小，非均匀传热系数和围护结构均匀传热系数相差不大。因此，以北向为基准，其他朝向围护结构非均匀传热系数可表达为：

$$K_S = \frac{t_n - t_{z,N}}{t_n - t_{z,S}} K_N \tag{2-19}$$

$$K_E = \frac{t_n - t_{z,N}}{t_n - t_{z,E}} K_N \tag{2-20}$$

$$K_W = \frac{t_n - t_{z,N}}{t_n - t_{z,W}} K_N \tag{2-21}$$

式中　$t_{z,S}$、$t_{z,E}$、$t_{z,W}$和$t_{z,N}$——采暖期南、东、西和北向平均室外综合温度，℃；

$K_S$、$K_E$、$K_W$和$K_N$——南、东、西和北向围护结构非均匀传热系数，W/（$m^2$·K）。

取$\varepsilon_{EN}$、$\varepsilon_{WN}$和$\varepsilon_{SN}$分别为东、西和南向围护结构传热系数与北向基准传热系数的比例系数。则各朝向围护结构非均匀传热系数也可表示为：

$$K_S = \varepsilon_{SN} K_N \tag{2-22}$$

$$K_E = \varepsilon_{EN} K_N \tag{2-23}$$

$$K_W = \varepsilon_{WN} K_N \tag{2-24}$$

可见，在室内设计温度一定的情况下，不同朝向围护结构传热系数的比例系数主要由对应朝向采暖期平均室外综合温度值确定。

对太阳能资源不同的拉萨、西宁、西安、北京和哈尔滨五个城市进行分析计算，得各朝向围护结构传热系数的比例系数，见表2-6。

不同地区各朝向围护结构传热系数的比例系数　　表 2-6

| 比例系数 | 拉萨 | 西宁 | 西安 | 北京 | 哈尔滨 |
|---|---|---|---|---|---|
| $\varepsilon_{EN}$ | 1.18 | 1.08 | 1.01 | 1.06 | 1.04 |
| $\varepsilon_{WN}$ | 1.18 | 1.08 | 1.11 | 1.06 | 1.04 |
| $\varepsilon_{SN}$ | 1.56 | 1.21 | 1.11 | 1.24 | 1.11 |

拉萨、西宁、西安、北京和哈尔滨这 5 个地区东、西向围护结构传热系数的比例系数低于南向围护结构传热系数的比例系数。不同地区围护结构传热系数的比例系数变化与其平均室外综合温度规律一致，其中拉萨地区建筑围护结构各朝向非均匀传热系数差异最大。西安和哈尔滨由于太阳辐射强度较小，其南北朝向建筑围护结构非均匀传热系数相差较小。

综上所述，各向异性围护结构保温适用于太阳能富集地区，如我国西北地区等。对于采暖期太阳辐射资源相对较小地区，各朝向的综合室外温度差值不大，如果也进行各向异性围护结构保温处理，得到的各朝向围护结构传热系数差别很小，这种差别在工程领域中可以忽略。

## 参考文献

[1] 刘加平. 建筑物理（第四版）. 北京：中国建筑工业出版社，2009.

[2] 彦启森，赵庆珠. 建筑热过程. 北京：中国建筑工业出版社，1986.

[3] 朱颖心. 建筑环境学（第三版）. 北京：中国建筑工业出版社，2010.

[4] 刘艳峰，王登甲，张薇. 民用建筑围护结构负荷与节能朝向修正率. 暖通空调，2013，43（2）：80－82.

[5] 桑国臣，刘加平. 太阳能富集地区采暖居住建筑节能构造研究. 太阳能学报，2011，32（3）：416－422.

[6] S. M. Harris, F. C. McQuiston. A study to categorize walls and roofs on the basis of thermal response. ASHRAE Transactions, 1988, 94(2): 688－714.

[7] D. C. Hittle, C. O. Pedersen. Calculating building heating loads using the frequency of multi-layered slabs. ASHRAE Transactions, 1981, 87(2): 545－68.

# 3 太阳能建筑集热构件

太阳能建筑集热构件对房间热环境有重要影响，通常以实现太阳能集热最优化为目的。集热构件优化的关键是，在满足建筑自然采光的前提下，协调集热构件得失热量以确定最佳集热面积。集热构件优化的原则是提高集热构件太阳能得热的同时减小温差传热失热，而外窗设置内保温窗帘是减小传热失热量的有效手段。本章分析太阳能建筑集热构件的传热特性，提出内置窗帘附加热阻的计算方法，为太阳能集热构件优化设计提供理论基础。

## 3.1 集热构件热过程

集热构件是太阳能建筑的重要组成部分，一般是指南向外窗收集面。外窗通过玻璃等透明材料构成的辐射透过面进行集热，对太阳能建筑得热、失热量起重要作用。

### 3.1.1 物理模型

在太阳能建筑中，集热构件的得热量一般由太阳辐射引起，失热量则大多由室内外温差引起，其得失热过程物理模型如图 3-1 所示。

昼间，太阳辐射得热量通过集热构件传入室内。投射在透明玻璃上的太阳辐射，一部分透过玻璃直接进入室内，一部分被玻璃吸收后再传向室内。此外，冬季室内温度一般高于室外，由室内外温差传热作用将室内的热量散向室外，且夜间无太阳辐射时温差传热更为突出。因此，应对外窗增设保温窗帘或者保温板等措施，降低室内向室外的散热量。

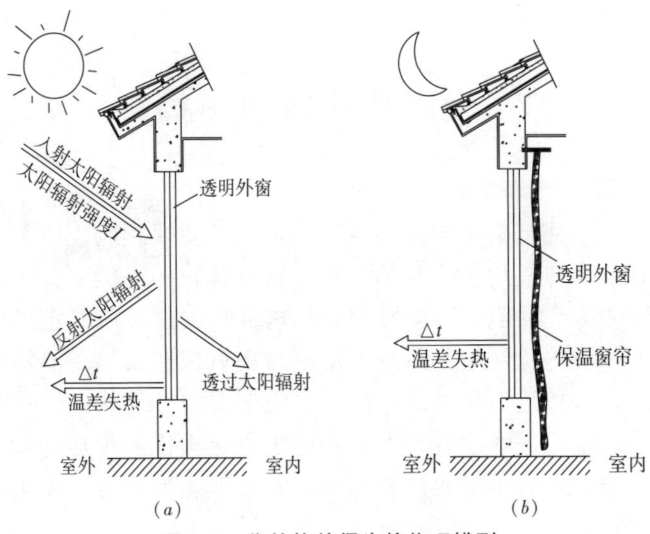


**图 3-1　集热构件得失热物理模型**

(*a*) 昼间；(*b*) 夜间

### 3.1.2　数学模型

外窗玻璃为薄壁结构，蓄热系数小，可认为玻璃吸收的太阳辐射全部散向室内和室外，而没有引起玻璃内部温度的明显变化。外窗玻璃热平衡可表示为：

$$q_{\alpha}(\tau)=q_{n}(\tau)+q_{w}(\tau)=h_{n}\left[t_{g,n}(\tau)-t_{g}(\tau)\right]+h_{w}\left[t_{g,w}(\tau)-t_{g}(\tau)\right] \tag{3-1}$$

经转化，得：

$$q_{n}(\tau)=\frac{h_{n}}{h_{n}+h_{w}}q_{\alpha}(\tau) \tag{3-2}$$

$$q_{w}(\tau)=\frac{h_{w}}{h_{n}+h_{w}}q_{\alpha}(\tau) \tag{3-3}$$

式中　$q_{n}(\tau)$、$q_{w}(\tau)$——玻璃传向室内、外的热量，W/m$^2$；

$q_{\alpha}(\tau)$ ——玻璃吸收的热量，W/m²；

$h_n$、$h_w$ ——外窗内、外表面换热系数，W/(m²·K)；

$t_{g,n}(\tau)$、$t_{g,w}(\tau)$ ——玻璃内、外表面空气温度，℃；

$t_g(\tau)$ ——玻璃温度，℃。

通过单层玻璃进入室内的太阳辐射热量可表述为：

$$SHG_g = [\tau_{sbi}I_{bi}(\tau) + \tau_{sd}I_d(\tau)] + \frac{h_n}{h_n + h_w}[\alpha_{sbi}I_{bi}(\tau) + \alpha_{sd}I_d(\tau)] \quad (3-4)$$

式中 $\tau_{sbi}$、$\alpha_{sbi}$——单层玻璃对入射角为 $i$ 的太阳直射辐射的透过率、吸收率；

$\tau_{sd}$、$\alpha_{sd}$ ——单层玻璃对太阳散射辐射的透过率、吸收率；

$I_{bi}(\tau)$ ——投射到玻璃表面上的太阳直射辐射强度，入射角为 $i$，W/m²；

$I_d(\tau)$ ——投射到玻璃上的太阳散射辐射强度，W/m²。

根据单层玻璃得热的计算式，可推导出双层玻璃窗太阳辐射总得热为：

$$SHG_{gg} = [\tau_{dbi}I_{bi}(\tau) + \tau_{dd}I_d(\tau)] + \frac{h_n}{h_n + h_w}\{N_1[\alpha_{db1,i}I_{bi}(\tau) + \alpha_{dd1}I_d(\tau)] + N_2[\alpha_{db2,i}I_{bi}(\tau) + \alpha_{dd2}I_d(\tau)]\} \quad (3-5)$$

式中 $SHG_{gg}$——双层玻璃窗的太阳辐射得热，W；

$\tau_{dbi}$——双层玻璃窗对入射角为 $i$ 的太阳直射辐射总透过率；

$\tau_{dd}$——双层玻璃窗对太阳散射辐射总透过率；

$\alpha_{db1,i}$、$\alpha_{db2,i}$——双层玻璃窗内侧、外侧玻璃对入射角为 $i$ 的太阳直射辐射的吸收率；

$\alpha_{dd1}$、$\alpha_{dd2}$——双层玻璃窗内侧、外侧玻璃对太阳散射辐射的吸收率；

$N_1$——双层玻璃窗内侧玻璃吸收的太阳辐射热量中向室内换热的比例，$N_1=\frac{R_w}{R}$；

$N_2$——双层玻璃窗外侧玻璃吸收的太阳辐射热量中向室内换热的比例，$N_2=\frac{(R_a+R_w)}{R}$；

$R$——双层玻璃窗的总热阻，$R=R_n+R_a+R_w$，$m^2\cdot K/W$；

$R_n$——双层玻璃窗内侧玻璃热阻，$R_n=\frac{1}{h_n}$，$m^2\cdot K/W$；

$R_w$——双层玻璃窗外侧玻璃热阻，$R_w=\frac{1}{h_w}$，$m^2\cdot K/W$；

$R_a$——双层玻璃窗空气间层热阻，$m^2\cdot K/W$。

室内外温差形成的外窗传热量通常按稳态方法计算。当外窗配备保温窗帘时，外窗传热量根据昼间窗帘开启和夜间窗帘关闭两种情况分时段计算。昼间和夜间的传热计算差别主要在于窗帘形成的附加热阻。外窗传热量计算公式为：

$$Q_g=\bar{K}_gF_g\left[t_w(\tau)-t_a(\tau)\right] \tag{3-6}$$

式中 $\bar{K}_g$——等效传热系数，$W/(m^2\cdot K)$；

$F_g$——外窗面积，$m^2$；

$t_w(\tau)$、$t_a(\tau)$——室外、室内空气逐时温度，℃。

外窗等效传热系数可表示为：

$$\bar{K}_g=(K_g'\tau_1+K_g''\tau_2)/(\tau_1+\tau_2) \tag{3-7}$$

式中 $K_g'$、$K_g''$——外窗、外窗附加窗帘的综合传热系数，$W/(m^2\cdot K)$；

$\tau_1$、$\tau_2$——昼间窗帘开启、夜间窗帘关闭时间。

$$K_g'' = \frac{1}{R_{add} + \frac{1}{K_g'}} \tag{3-8}$$

式中 $R_{add}$——内窗帘附加热阻之和，W/（$m^2 \cdot K$）。

通过上述理论分析，得到太阳能集热构件得失热量的计算方法。得、失热量受多种因素综合影响，包括太阳辐射强度、室内外平均温差、外窗传热系数等。当室内得热量与失热量相等时，室内热量平衡；当室内得热量大于失热量时，有利于改善室内热环境。

## 3.2 集热构件面积

集热构件面积的确定依赖于窗墙面积比，而窗墙面积比受自然采光和外窗得失热量两方面的因素影响。下面将结合自然采光和外窗得失热量进行窗墙面积比的研究。

### 3.2.1 室内自然采光要求

室内充分利用自然采光，可减少人工光源的使用，节约照明能耗。《建筑采光设计标准》GB 50033—2013 规定，75% 的房间面积满足采光要求作为合格的评判标准。

选取 3.3m × 3m（长 × 高），进深分别为 3m、3.5m、4m、4.5m、5m，外窗面积为 0.6$m^2$ 的房间为研究对象，对常用的窗户宽高比的房间进行采光模拟，得到其对应的满足自然采光要求的房间面积比例。结果如图 3–2 所示，采光系数最小为其最不利情况，此时窗户宽高比为 1.2∶1，且进深为 5m。

对最不利情况下的房间进行自然采光模拟，通过调整窗户面积的大小，以满足采光基本要求，进而确定不同城市最小窗墙面积比，如表 3–1 所示。由计算结果可知，满足室内自然采光的最小窗墙面积比可取 0.20。

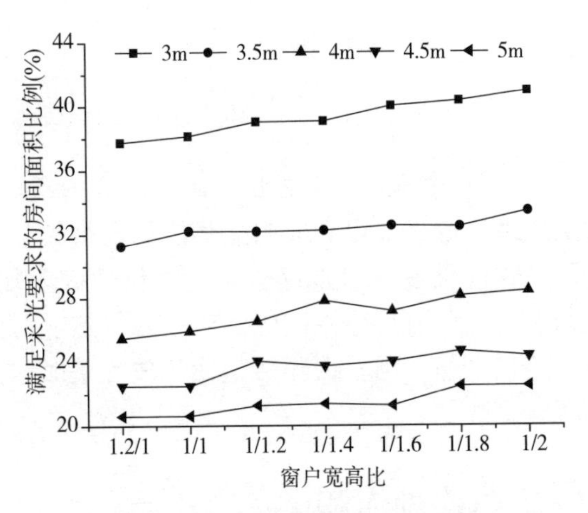


图 3-2　不同宽高比窗户时房间满足自然采光要求的面积比例

满足自然采光条件下各典型城市建筑窗墙面积比　　表 3-1

| 典型城市 | 窗墙面积比 | | | |
|---|---|---|---|---|
| | 东向 | 西向 | 南向 | 北向 |
| 玉树 | 0. 16 | 0. 16 | 0. 16 | 0. 17 |
| 固原 | 0. 17 | 0. 17 | 0. 16 | 0. 18 |
| 银川 | 0. 17 | 0. 17 | 0. 16 | 0. 18 |
| 哈密 | 0. 17 | 0. 18 | 0. 17 | 0. 19 |
| 西安 | 0. 18 | 0. 19 | 0. 17 | 0. 19 |

### 3. 2. 2　室内热环境要求

室内热环境受到外窗面积变化的影响，具体表现在：当窗墙面积比增大时，建筑的太阳辐射得热量增大，同时外窗的温差传热失热量增大，两者综合影响室内空气温度。因此，为满足室内热环境需求，需通过分析外窗的总得热量和总失热量的关系，确定合理的窗墙面积比。

建筑对象为 10m × 5m × 3m（长 × 宽 × 高）的单层三开间建筑。结合建筑热工设计和太阳能资源分区选取典型城市，见表

3－2。模拟得到典型日建筑平均基础室温分别为：玉树 7.4℃，西宁 7.0℃，哈密 5.6℃，银川 9.2℃，西安 8.3℃，汉中 10.8℃。

**典型城市确定** **表 3–2**

| 太阳能资源等级分区 | 建筑热工设计分区 | | |
|---|---|---|---|
| | 严寒 | 寒冷 | 夏热冬冷 |
| Ⅰ类 | 玉树 | — | — |
| Ⅱ类 | 西宁 | 银川 | — |
| Ⅲ类 | 哈密 | — | — |
| Ⅳ类 | — | 西安 | 汉中 |

（1）非采暖房间外窗得失热量变化特性

通过模拟分析得出典型城市非采暖房间外窗得失热量随窗墙面积比的变化特性，如图 3–3 所示。

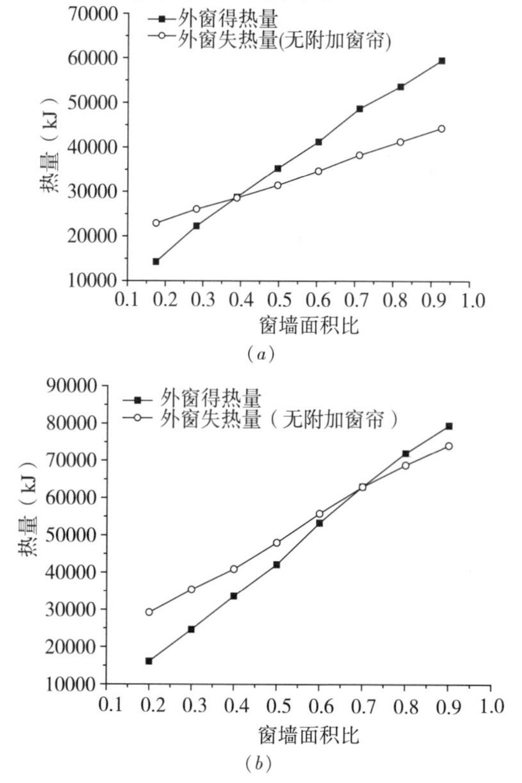


**图 3–3　非采暖房间外窗得失热量与窗墙面积比的变化关系**

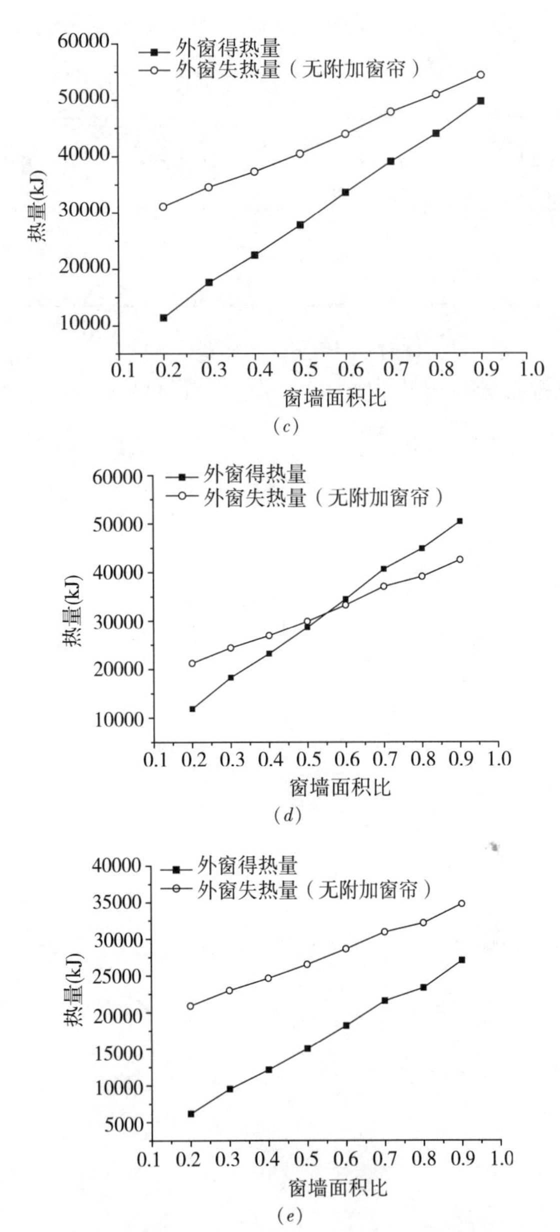


**图 3–3　非采暖房间外窗得失热量与窗墙面积比的变化关系（续）**

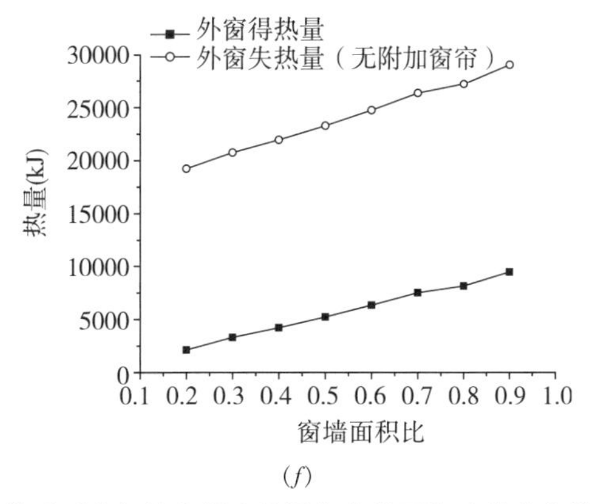


(*f*)

**图 3-3　非采暖房间外窗得失热量与窗墙面积比的变化关系（续）**

（*a*）玉树；（*b*）西宁；（*c*）哈密；（*d*）银川；（*e*）西安；（*f*）汉中

由图 3-3 可知，外窗的得热量和失热量均随着窗墙面积比的增大而增大，在不同的城市，外窗得失热量增大的速率均不相同。

当得失热量变化曲线存在交点时，此点即为得失热量平衡点。该点之前的各窗墙面积比对应的外窗，其失热量大于得热量；之后，得热量大于失热量。如图 3-3（*a*）、图 3-3（*b*）和图 3-3（*d*）所示，玉树、西宁和银川地区外窗得失平衡点对应的窗墙面积比分别为 0.40、0.69 和 0.56。因此，对于这类地区，在平衡点之后窗墙面积比越大越好。

此外，在有效窗墙面积比范围内，外窗得热量与失热量曲线不存在交点，外窗始终是失热部件。当失热量与得热量之差随窗墙面积比增加而减小时，窗墙面积比越大越好，如图 3-3（*c*）和图 3-3（*e*）所示的哈密和西安地区；当失热量与得热量之差随窗墙面积比增加而增大时，窗墙面积比越小越好，但不应小于 0.20，如图 3-3（*f*）所示的汉中地区。两类地区差异的主要原因在于汉中地区虽然冬季室外温度较寒冷或严寒地区高，但太阳辐射强度较低，透过外窗的得热量就较少，呈现出外窗的失热量远大于得热量的结果。故汉中地区通过增大外窗的面积来增加冬季室内太阳辐射得热量不合理，应当尽量减小外窗面积。

（2）附加窗帘后外窗得失热量变化特性

以冬季棉布帘为例，其导热系数 $\lambda_c$ 为 0.035W/（m·K），厚度 $d_c$ 为 0.0025m。由计算可知，当设置窗帘后外窗的总热阻增大，木窗附加棉布窗帘后的热阻增大率 $s$ 约为 50%。附加窗帘后外窗的得失热量可由下式计算：

冬季：

$$Q'_s = Q_t \times \left(1 - \frac{1}{s}\right) + Q_i \tag{3-9}$$

$$Q'_d = Q_d \tag{3-10}$$

式中 $Q'_s$、$Q'_d$——附加窗帘后外窗的失热量和得热量，W；

$Q_t$——外窗室内外温差传热量，W；

$Q_i$——外窗冷风渗透换热量，W；

$Q_d$——无附加窗帘时外窗得热量，W。

附加窗帘后，按照公式（3-9）和公式（3-10）的计算，可得外窗得失热量随窗墙面积比的变化特性，如图 3-4 所示。

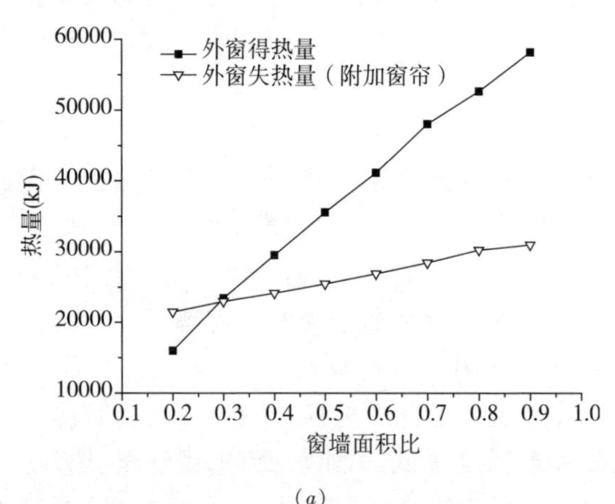


**图 3-4 附加窗帘后外窗得失热量与窗墙面积比的变化关系**

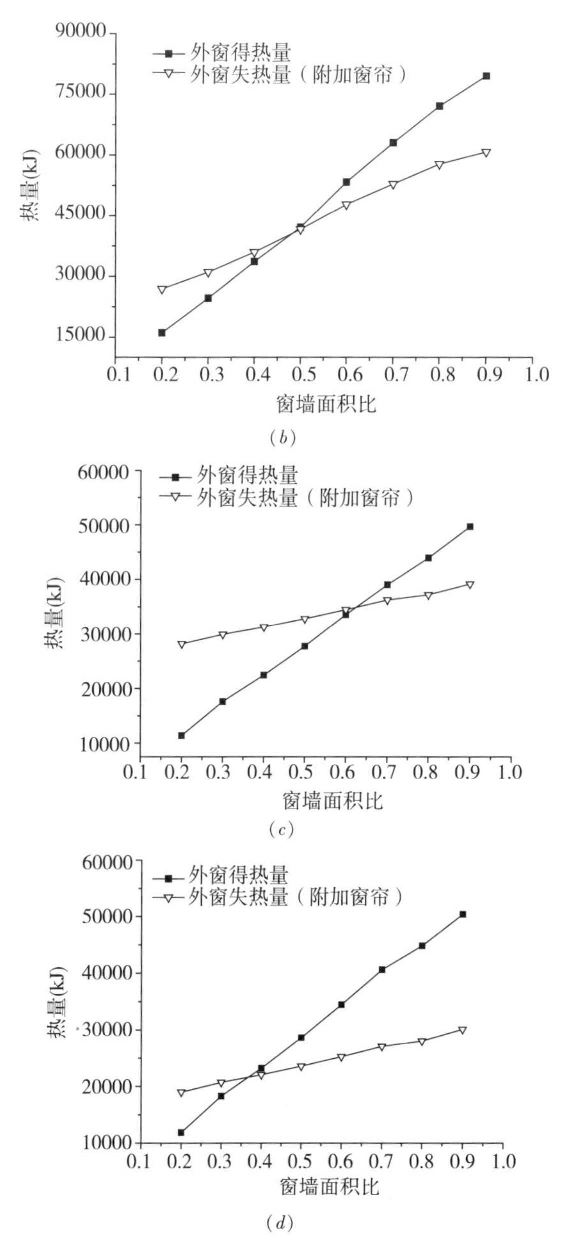


**图 3-4　附加窗帘后外窗得失热量与窗墙面积比的变化关系（续）**

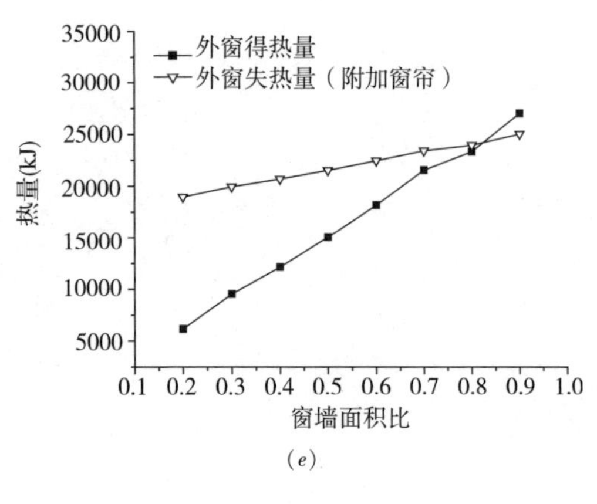


(*e*)

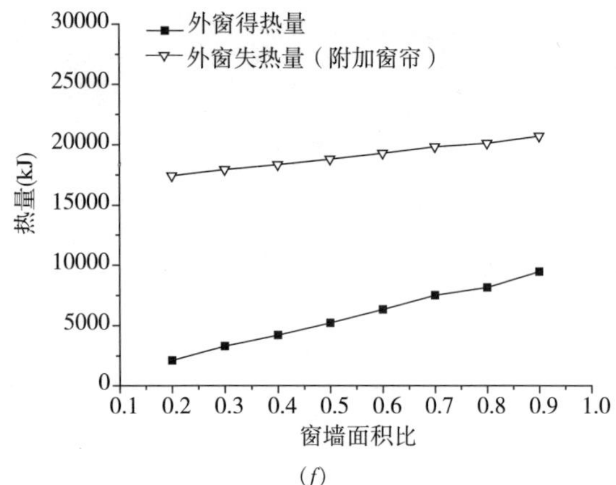


(*f*)

**图 3–4　附加窗帘后外窗得失热量与窗墙面积比的变化关系（续）**

(*a*) 玉树；(*b*) 西宁；(*c*) 哈密；(*d*) 银川；(*e*) 西安；(*f*) 汉中

对比图 3–3、图 3–4 可知，昼间窗帘开启，外窗得热量不受窗帘影响；夜间无太阳辐射情况下，窗帘关闭，附加窗帘后外窗总热阻增大，外窗的失热量减少。玉树、西宁和银川地区，附加窗帘后外窗得失热量平衡点对应的窗墙面积比小于无附加窗帘时，窗墙面积比分别由 0. 40、0. 69、0. 56 减小到 0. 30、0. 48、0. 36。其原因在于附加窗帘前后外窗的得热量不变，而失热量减少，故达到平衡点时的窗墙面积比减小。哈密和西安地区，附加窗帘前不存在得失热量平衡点，此时的外窗为净失热部件；而附加窗帘后，存在得失热量平衡点，分别为0.64和0.83。汉中地区，附加窗帘前后均不存在平衡点，但附加窗帘后外窗热损失随着窗墙面积比的增大而减小，窗墙面积比越大越好。

（3）采暖房间外窗得失热量变化特性

在采暖情况下，室内温度取18.0℃。通过数值模拟得到附加棉布窗帘前后外窗热量随窗墙面积比的变化如图3-5所示。

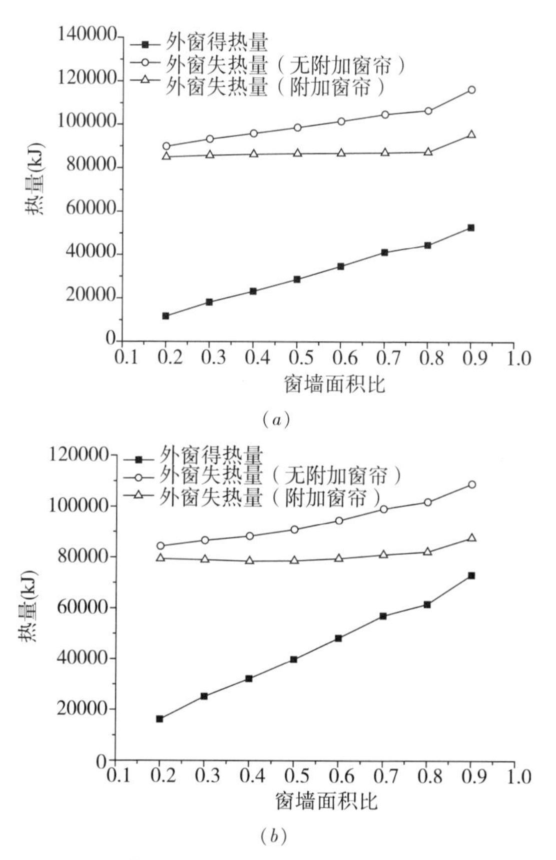


**图3-5 采暖房间外窗得失热量与窗墙面积比的变化关系**

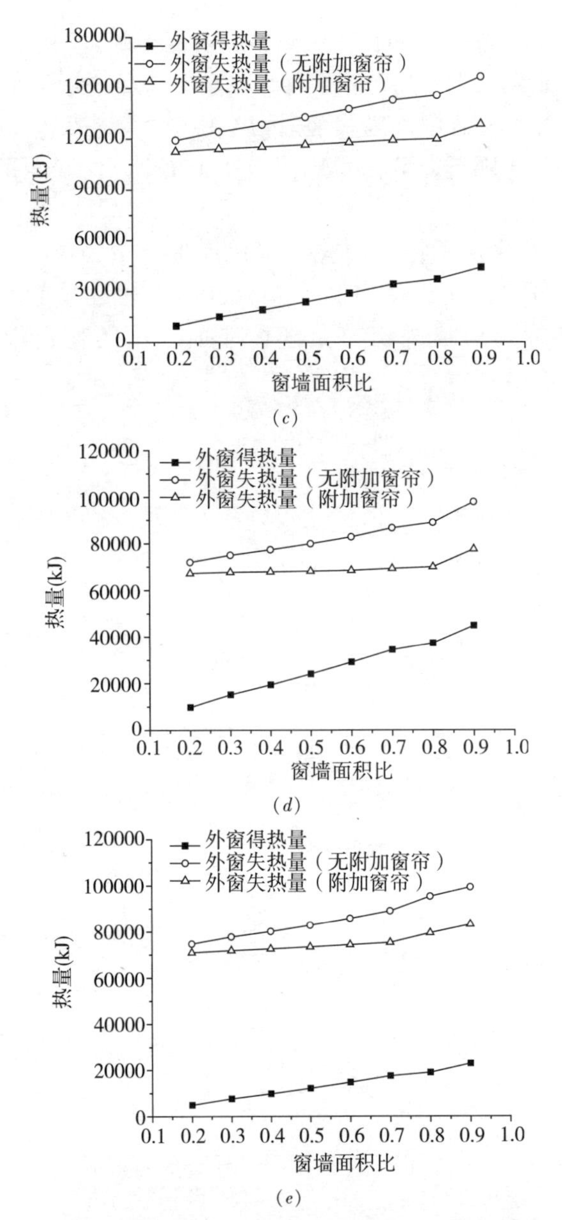


**图 3–5　采暖房间外窗得失热量与窗墙面积比的变化关系（续）**

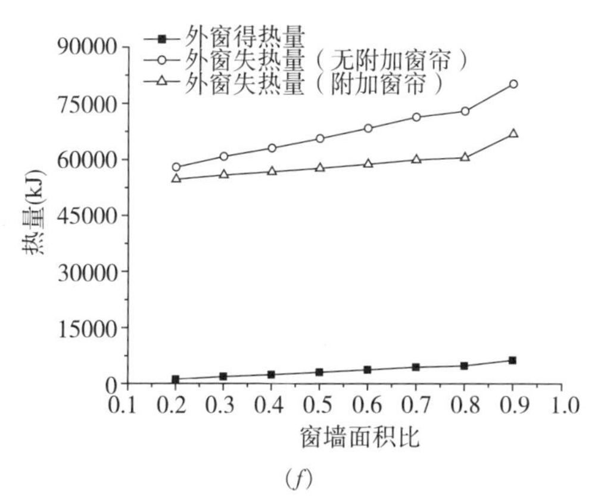


**图 3-5　采暖房间外窗得失热量与窗墙面积比的变化关系（续）**

（*a*）玉树；（*b*）西宁；（*c*）哈密；（*d*）银川；（*e*）西安；（*f*）汉中

可见，上述城市中建筑外窗无论是否附加窗帘，均不存在得失热量平衡点，则认为外窗始终为净失热部件。其原因是，采暖时室内温度明显高于基础室温，室内外温差大，导致外窗失热量大，无论昼间还是夜间外窗失热量总大于得热量。随着窗墙面积比的增大，外窗失热量和得热量均增大。而同一窗墙面积比时，由于外窗附加窗帘，其总热阻增大，故失热量减少，热损失反而减小。

玉树、西宁以及银川地区外窗无论是否附加棉布窗帘，随着窗墙面积比的增大，外窗的热损失均减小。哈密和西安地区无附加棉布窗帘时，随着窗墙面积比的增大，外窗的热损失增大；附加棉布窗帘后，随着窗墙面积比的增大，外窗热损失减小。因此，玉树、西宁、银川、哈密和西安地区，在有效的窗墙面积比范围内，窗墙面积比越大越好。而汉中地区外窗是否附加棉布窗帘，热损失均随着窗墙面积比的增大而增大，其窗墙面积比越小越好，但不应小于 0. 20。

# 3.3 外窗内置窗帘附加热阻

外窗附加保温窗帘后，可有效降低其传热损失。目前，棉布帘、平绒帘、亚麻布帘、薄纱帘及铝箔反射帘等为常用的窗帘类型。

## 3.3.1 外窗内置窗帘物理模型

外窗内置窗帘附加热阻的计算一般采用稳态方法。窗帘竖向褶皱较小，甚至一些材质较厚的窗帘可保持基本竖直，可忽略竖向褶皱，而窗帘水平方向褶皱较大，不可忽略。因此，处理方法为：首先假设窗帘传热过程在空气层平均厚度下进行，可将窗帘等效为竖直平布处理；再考虑窗帘水平褶皱的影响，将窗帘凹凸部分分别等效为平均高度处理；通过大量调查发现，窗帘凸、凹部分相当，约各占50%。以单层玻璃窗附加双层窗帘为例，其物理模型如图 3–6 所示，热网络模型如图 3–7 所示。

图 3–6 和图 3–7 中，$t_a$、$t_w$ 分别为室内、外空气温度,℃；$\delta_1$、$\delta_2$ 分别为第一、二层空气层平均厚度，可认为分别是玻璃内

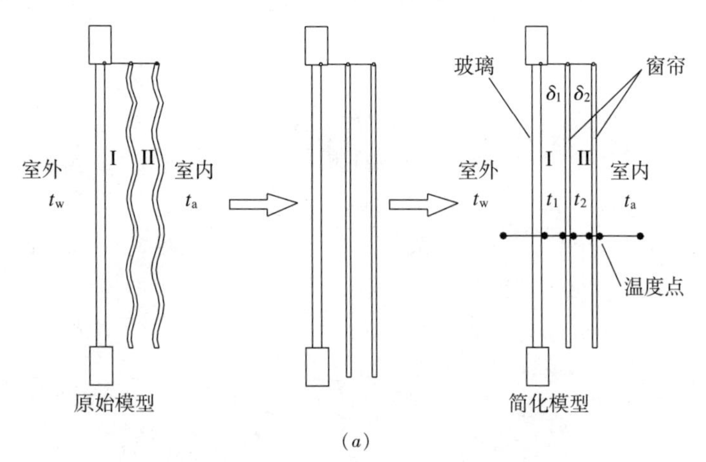


图 3–6　外窗内窗帘物理模型简化过程

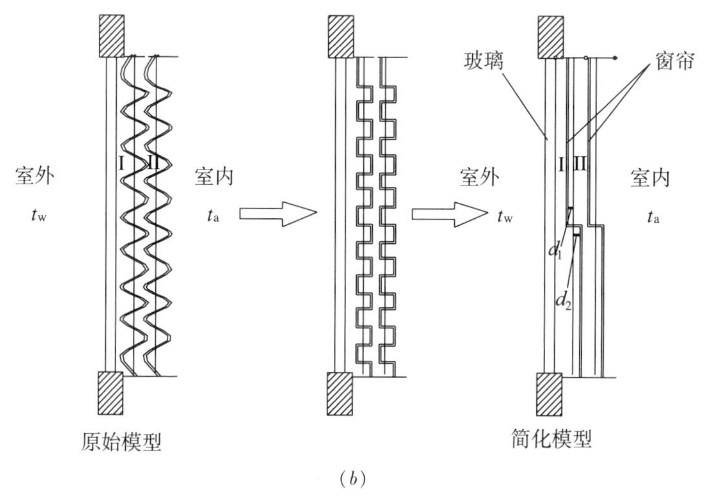


(*b*)

**图 3-6　外窗内窗帘物理模型简化过程（续）**

（*a*）竖向模型简化过程；（*b*）水平模型简化过程

$t_w$ — $R_0$ — $t_1'$ — $R_{\mathrm{I}}$ — $t_1''$ — $R_1$ — $t_2'$ — $R_{\mathrm{II}}$ — $t_2''$ — $R_2$ — $t_c$ — $R_c$ — $t_a$

**图 3-7　外窗热网络模型**

表面与第一层窗帘安装位置之间距离和两窗帘安装位置之间距离，m；$t_1$、$t_2$ 分别为第一、二层空气层内空气平均温度，℃；$t_1'$、$t_1''$分别为第一层空气层两表面温度，℃；$t_2'$、$t_2''$分别为第二层空气层两表面温度，℃；$t_c$ 为内窗帘内表面温度，℃；$d_1$、$d_2$ 分别为凹凸平均高度，m。$R_{\mathrm{I}}$、$R_{\mathrm{II}}$为第一、二层空气层的总热阻，其中包括导热热阻、对流换热热阻和辐射换热热阻，$m^2 \cdot K/W$；$R_1$、$R_2$ 为第一、第二层窗帘本身热阻，$m^2 \cdot K/W$；$R_c$ 为第二层窗帘内表面总换热热阻，$m^2 \cdot K/W$。

$R_0$ 为窗玻璃热阻及室外表面换热热阻之和，可表示为：

$$R_0 = R_g - \frac{1}{h_a} \tag{3-11}$$

式中 $R_g$——玻璃本身热阻，$m^2 \cdot K/W$；

$h_a$——无内置窗帘时，外窗内表面换热系数，$W/(m^2 \cdot K)$。

### 3.3.2 窗帘附加热阻计算方法

计算窗帘附加热阻的关键在于，确定窗帘空气层总热阻以及窗帘内表面与室内环境总换热热阻。

（1）窗帘空气层热阻

窗帘空气层存在于窗帘与外窗、窗帘与窗帘之间，大大增加了总热阻，减弱了外窗失热量。实际空气层传热热阻需考虑窗帘水平褶皱的影响，表 3–3 给出不同材质窗帘褶皱凹凸平均高度。

**窗帘褶皱凹凸平均高度** **表 3–3**

| 窗帘类型 | 棉布窗帘 | 亚麻布窗帘 | 薄布窗帘 |
|---|---|---|---|
| 导热系数［W/（m·K）］ | 0.035 | 0.09 | 0.045 |
| 常用厚度（m） | 0.003 | 0.003 | 0.001 |
| 凹/凸部分比例，$P_1/P_2$ | 50%/50% | 50%/50% | 50%/50% |
| 凹/凸平均高度，$d_1/d_2$（m/m） | 0.015/0.015 | 0.01/0.01 | 0.02/0.02 |
| 褶皱面积展开比 $n$ | 1.5 | 1.0 | 2.0 |

通过对窗帘褶皱部分的分析，可看出空气层对流换热系数需分别对凸出和凹进部分空气层进行计算。辐射换热计算时，褶皱的影响忽略。玻璃内表面与褶皱窗帘空气层（第一层）总换热热阻计算流程如图 3–8 所示。两褶皱窗帘间空气层（第二层）计算时，由于两层窗帘均形成褶皱，可认为凸出和凹进部分空气层厚度相等。

计算流程图 3–8 中，空气层总热阻中总对流换热系数前的系数 $\zeta$ 作为窗帘自然松弛与封闭（两端压紧）之间的修正。$\delta_e$ 为空气层平均厚度推荐值，m；$Gr$ 为格拉晓夫准则数；$Nu$ 为努谢尔特准则数；$\delta_c$ 为窗帘空气层厚度，m；$H_c$ 为窗帘高度，m；$\varepsilon_r$ 为窗帘空气层表面间系统发射率；$C_0$ 为黑体辐射系数，$5.67W/(m^2 \cdot K^4)$；$t_c'$、$t_c''$分别为空气层两表面温度，℃；$T_c'$、

$T_c''$分别为空气层两表面辐射温度，K；$R_{ac}$为窗帘空气层热阻，第一、二层空气层的总热阻表示为$R_{\mathrm{I}}$、$R_{\mathrm{II}}$，$m^2 \cdot K/W$。

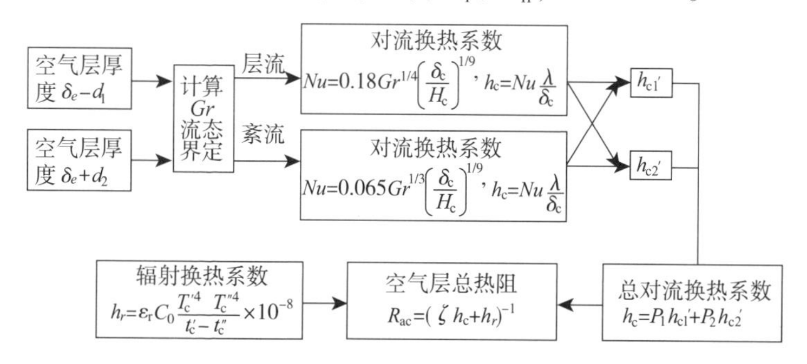


**图 3-8　窗帘空气层热阻计算流程**

（2）窗帘内表面总换热热阻

窗帘内表面和室内空气换热为大空间自然对流换热，且窗帘褶皱相对于窗帘高度较小，因此，可忽略褶皱对窗帘内表面对流和辐射换热系数$h_c$、$h_r$的影响。

计算窗帘内表面总换热热阻时，窗帘内表面温度$t_c$是关键所在，通过经验取值并采取试算法，并通过最终计算结果对窗帘内表面温度进行检验修正。

窗帘内表面总换热热阻：

$$R_c=\frac{1}{h_c+h_r} \tag{3-12}$$

（3）窗帘本身热阻

计算窗帘本身热阻时，由于窗帘褶皱类似于肋片作用，传热效果增强，因此需考虑褶皱影响。利用窗帘褶皱面积展开比$n$对热阻进行修正，不考虑窗帘褶皱和考虑褶皱，窗帘传热量可分别表示为：

$$Q=\frac{\lambda_c}{d_c}F_g\Delta t \tag{3-13}$$

$$Q' = \frac{\lambda_c}{d_c} F_g n \Delta t \tag{3-14}$$

则：

$$R_b = \frac{d_c}{\lambda_c n} \tag{3-15}$$

式中 $F_g$——外窗面积，$m^2$；

$\Delta t$——窗帘两侧温差，℃；

$d_c$——窗帘厚度，m；

$\lambda_c$——窗帘导热系数，W/（m·K）；

$n$——褶皱面积展开比；

$R_b$——窗帘本身热阻，第一、第二层窗帘本身热阻表示为 $R_1$、$R_2$，$m^2 \cdot K/W$。

（4）窗帘附加总热阻

通过对内窗帘附加总热阻的分析可知，计算外窗附加热阻前还需确定无内窗帘时玻璃内表面总换热热阻$\frac{1}{h_a}$，可表示为：

$$\frac{1}{h_a} = \frac{1}{K_w} - \frac{d_g}{\lambda_g} - \frac{1}{h_g} \tag{3-16}$$

式中 $\lambda_g$、$d_g$——外窗玻璃导热系数及厚度，W/（m·K）、m；

$1/K_w$——无内置窗帘外窗总热阻，$m^2 \cdot K/W$；

$1/h_g$——外窗外表面换热热阻，$m^2 \cdot K/W$。

结合窗帘空气层热阻、窗帘内表面总换热热阻、窗帘本身热阻值以及无内窗帘玻璃内表面总换热热阻，给出当外窗附加两层内窗帘后，外窗增加的热阻，即内置窗帘附加热阻为：

$$R_{add} = R_{\mathrm{I}} + R_1 + R_{\mathrm{II}} + R_2 + R_c - \frac{1}{h_a} \tag{3-17}$$

式中 $1/h_a$——无内置窗帘外窗内表面总换热热阻，$m^2 \cdot K/W$。

计算得到内置窗帘附加热阻后，结合外窗本身热阻，重新计算前述各假设壁面温度，与原假设对比，两者相近时则满足要求，否则重新迭代计算。

### 3.3.3 典型窗帘热阻分析

以 3mm 单层普通玻璃钢窗，外窗尺寸为 1.5m×1.5m，附加一层 2.5mm 深色棉布保温窗帘为例。利用上述理论分析方法，得到铝合金单层窗、铝合金单框双玻窗和铝合金双层窗中不同窗帘形式附加总热阻如图 3–9 ~ 图 3–11 所示。不同窗户类型对窗帘热阻的影响，不同窗户类型棉布帘、亚麻布帘、纱帘、棉布帘 + 纱帘、亚麻布帘 + 纱帘附加热阻分别如图 3–12 ~ 图 3–16 所示。

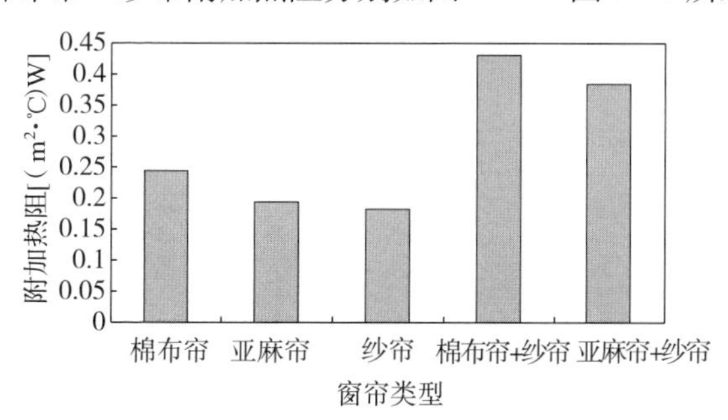


图 3–9 铝合金单层窗各形式窗帘附加热阻

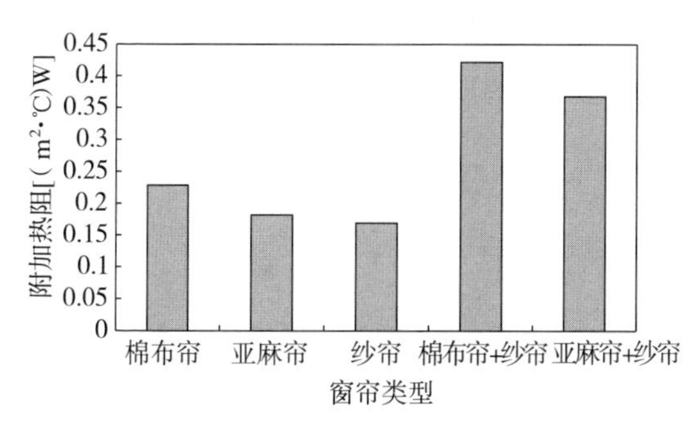


图 3–10 铝合金单框双玻窗各形式窗帘附加热阻

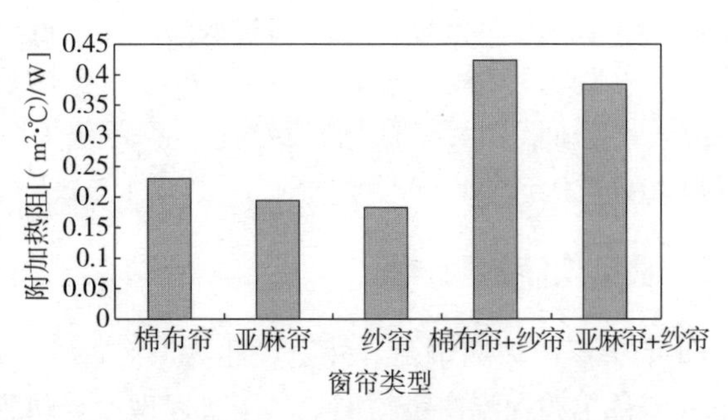


图 3-11　铝合金双层窗各形式窗帘附加热阻

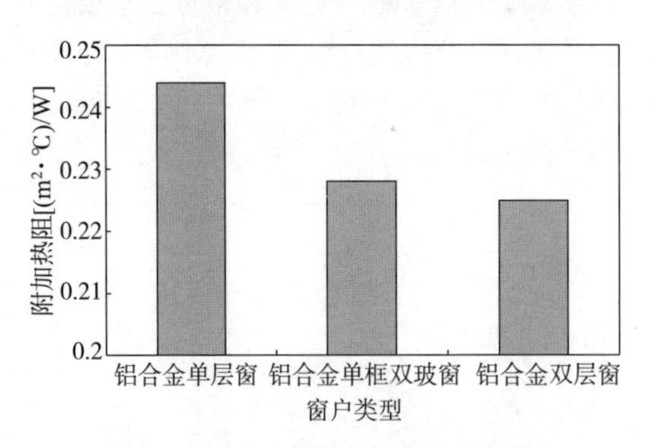


图 3-12　各窗户类型棉布窗帘附加热阻

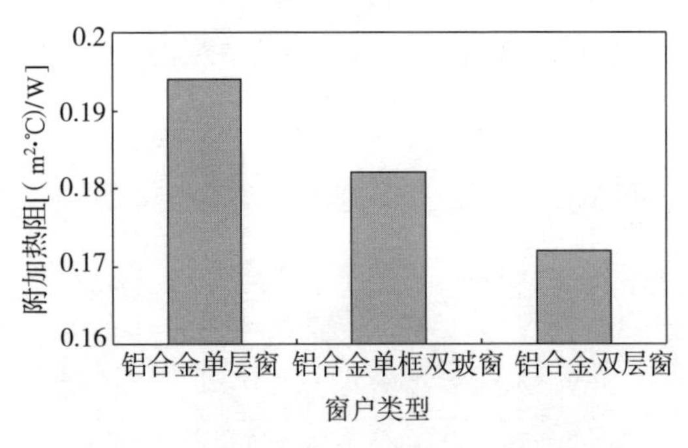


图 3-13　各窗户类型亚麻布窗帘附加热阻

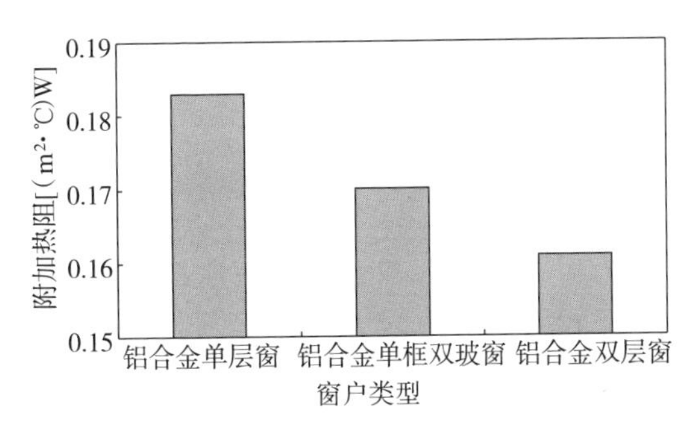


图 3–14 各窗户类型纱帘附加热阻

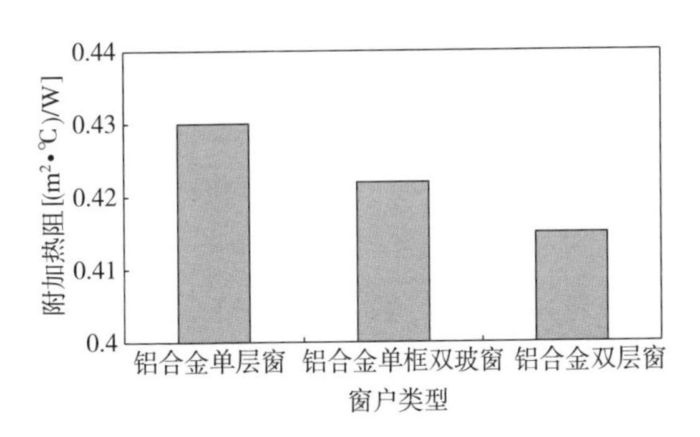


图 3–15 各窗户类型（棉布＋纱帘）窗帘附加热阻

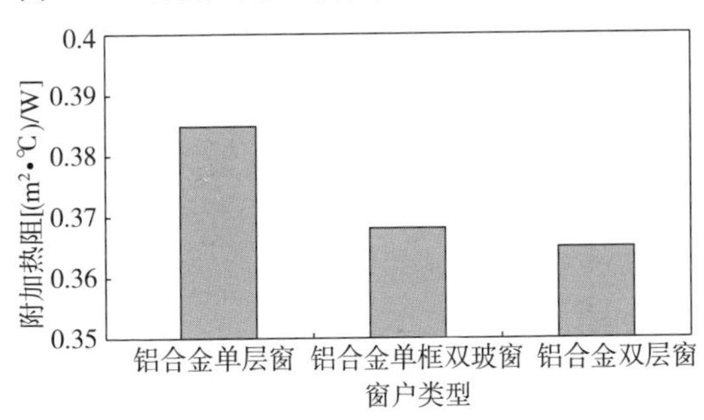


图 3–16 各窗户类型（亚麻布＋纱帘）窗帘附加热阻

根据图 3–9 ~ 图 3–11 可知，单层棉布帘附加热阻大于单层亚麻帘和单层纱帘，而棉布＋纱帘双层窗帘附加热阻大于亚麻

帘 + 纱帘。由图 3–12 ~ 图 3–16 可知，窗户类型对窗帘形成的附加热阻有一定的影响，同种窗帘配备在单层窗户上时其附加热阻要大于配备在单框双玻窗和双层窗，即外窗本身热阻越小时，窗帘形成的附加热阻越大，反之越小，但相比附加热阻本身，该影响相对较小。

由前述分析可知，存在最佳空气层厚度，可使窗帘安装后其附加热阻相对较大，图 3–17 和图 3–18 分别为单层窗和双层窗内置不同窗帘时窗帘附加热阻与空气层厚度变化规律，窗帘附加热阻与最佳空气层厚度汇总见表 3–4。

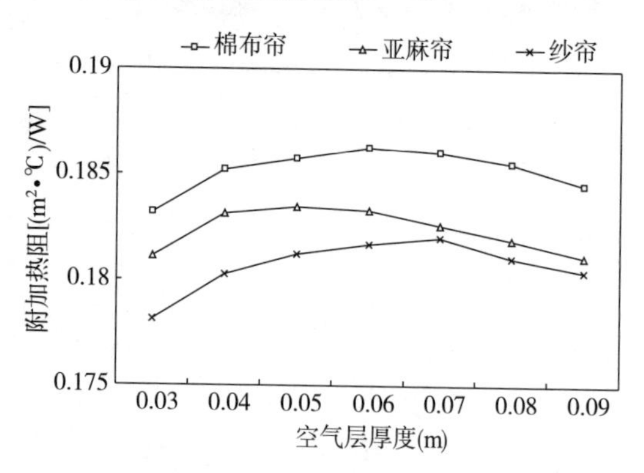


**图 3–17　单层窗窗帘附加热阻随空气层厚度变化规律**

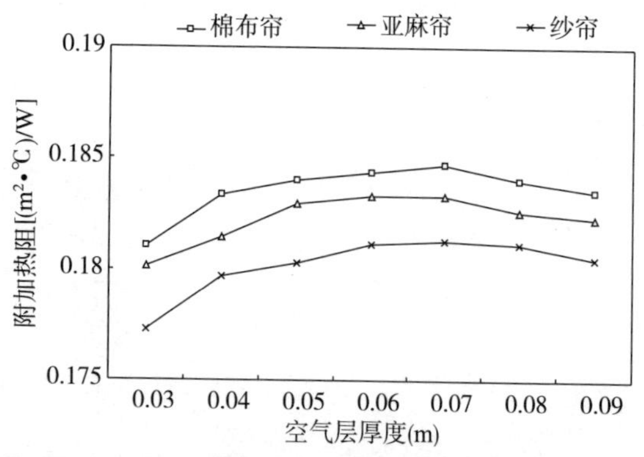


**图 3–18　双层窗窗帘附加热阻随空气层厚度变化规律**

窗帘附加热阻及最佳空气层厚度汇总　　表 3–4

| 窗帘类型 | 铝合金单层窗 | | 铝合金单框双玻窗 | | 铝合金双层窗 | |
|---|---|---|---|---|---|---|
| | 附加热阻 ($m^2 \cdot K/W$) | 最佳空气层厚度（m） | 附加热阻 ($m^2 \cdot K/W$) | 最佳空气层厚度（m） | 附加热阻 ($m^2 \cdot K/W$) | 最佳空气层厚度（m） |
| 棉布帘 | 0.244 | 0.05 | 0.228 | 0.05 | 0.225 | 0.05 |
| 亚麻帘 | 0.194 | 0.05 | 0.182 | 0.05 | 0.172 | 0.05 |
| 纱帘 | 0.183 | 0.05 | 0.17 | 0.05 | 0.161 | 0.05 |
| 棉布+纱帘 | 0.43 | 0.04/0.05 | 0.422 | 0.04/0.05 | 0.415 | 0.04/0.05 |
| 亚麻+纱帘 | 0.385 | 0.04/0.05 | 0.368 | 0.04/0.05 | 0.365 | 0.04/0.05 |

注：0.04/0.05 指的是双层窗帘中，第一层帘与玻璃厚度为 0.04m，第二层帘与第一层帘厚度为 0.05m。

根据图 3–17 和图 3–18 可知，随着空气层厚度的增加，窗帘附加热阻先增大后减小，可见，存在最佳空气层厚度使窗帘附加热阻达到最大。其主要原因为：空气层厚度较小时，空气层内气流流动主要为层流，通过窗帘及空气层的传热主要为导热形式，随着空气层厚度增加其导热热阻也增加，附加热阻随之增加，随着空气层厚度的进一步增加，空气层内空气流动由层流发展为紊流，随之对流换热量增大，窗帘及其空气层的热阻减小。

## 参考文献

[1] 陈启高. 建筑热物理基础. 西安：西安交通大学出版社，1991.

[2] GB 50033 - 2013. 建筑采光设计标准. 北京：中国建筑工业出版社，2012.

[3] 刘艳峰，刘加平，张继良. 中国传统民居外窗遮阳系数研究. 太阳能学报，2007，28（12）：1370 - 1374.

[4] 马超，刘艳峰，王登甲，王莹莹. 西北农村住宅建筑热工性能及节能策略分析. 西安建筑科技大学（自然科学版），2015，47（3）：427 - 732.

[5] 王登甲. 间歇采暖太阳能建筑热过程及设计优化研究. 西安：西安建

筑科技大学，2011.
[6] Dengjia Wang, Yanfeng Liu, Yingying Wang, Qun Zhang, Jiaping Liu. Theoretical and experimental research on the additional thermal resistance of a built-in curtain on a glazed window. Energy and Buildings, 2015, 88: 68 – 77.
[7] ASHRAE Handbook of Fundamentals, Chapter 29, Atlanta: American society of Heating, Refrigeration, and Air conditioning Engineers Inc, 1997.
[8] M. S. Reilly, F. C. Winkelmann, D. K. Arasteh, W. L. Carroll. Modeling windows in DOE – 2. Energy and Buildings, 1995, 22 (1): 59 – 66.
[9] Xiande Fang. A study of the U – factor of a window with a cloth curtain. Applied Thermal Engineering, 2001, (21): 549 – 558.

# 4　太阳能建筑蓄热构件

集热蓄热式太阳房将集热、蓄热、保温等功能集为一体，以构造简单、热稳定性好等优点被广泛应用。蓄热构件利用自身结构进行集热和蓄热，通过合理的设计可将围护结构由失热部件转变为得热部件，同时缓解室内温度波动，提高室内热环境舒适度。由于南立面墙体与屋顶接收大量的太阳辐射，可作为建筑蓄热构件。通过对蓄热构件热过程分析，建立相应的物理模型及数学模型，进而对蓄热体的厚度与材料、保温层设置以及空气夹层等进行优化，为太阳能蓄热构件设计提供依据。

## 4.1　建筑构件蓄热过程

分析太阳能建筑集热蓄热构件传热过程，需建立其物理模型，并运用热网络分析或能量平衡的方法，建立数学模型进行求解分析，获得集热蓄热墙的热特性。

### 4.1.1　物理模型

集热蓄热墙是直接设置在建筑南向外墙的太阳能集热装置。透过玻璃盖板的太阳辐射，通过热传导、热对流和热辐射的形式，将热量传递至室内。集热蓄热墙供热过程如图 4-1 所示。

昼间，蓄热体外表面吸收太阳辐射，温度升高。一方面，蓄热体外表面经过对流换热加热夹层空气，空气受热在浮升力作用下，由上通风孔进入室内，室内冷空气从下通风孔进入夹层中被加热，如此形成循环气流，以对流方式将热量传向室内；另一方面，由蓄热体外表面吸收的太阳辐射热量，以热传导方式传入蓄热体内部，一部分被蓄热体储存，其余部分则在蓄热体内表面经过对流和辐射方式传递给室内。夜间，当室内温度降低时，蓄热体储存的热量同时向室内、外释放，此时关闭通风孔，阻止夹层低温空气与室内进行对流换热。

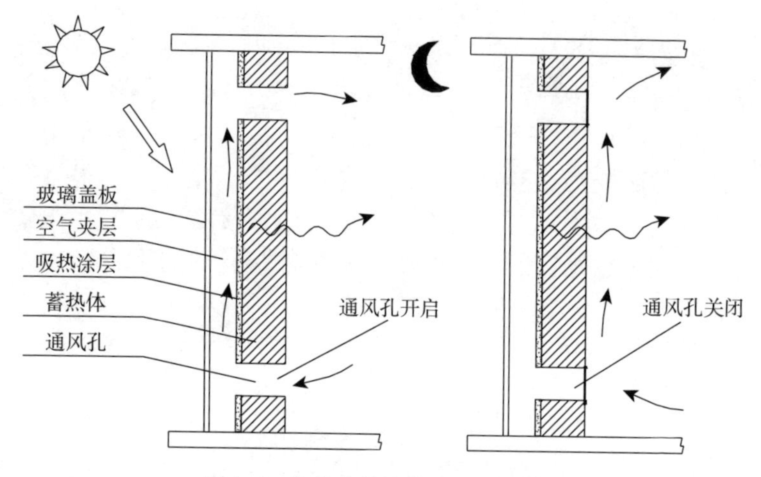


**图 4–1　集热蓄热墙供热过程示意图**

集热蓄热屋顶是将平屋顶的整体或坡屋顶的南向坡面做成集热蓄热墙形式。南向集热蓄热墙主要依靠热压作用带动夹层空气的循环流动，从而加热室内空气。而屋顶竖向高差较小，热压作用不明显，为改善夹层空气向室内对流供热性能，在送风口位置安装小型轴流风机，使夹层空气在玻璃盖板和蓄热体之间以强迫对流的方式进行传热，提高供热效率。图 4–2 为集热蓄热屋顶供热过程示意图。

冬季，集热蓄热屋顶利用吸热材料吸收太阳辐射，热量通过两种方式向室内传递：一是夹层空气的循环对流换热，二是通过蓄热体的热传导。昼间，当出风口温度高于进风口温度时，开启通风口，此时主要以循环对流和蓄热体内表面向室内供热；夜间，通风口关闭，由于蓄热体良好的蓄热性能，屋顶会继续向室内供热。

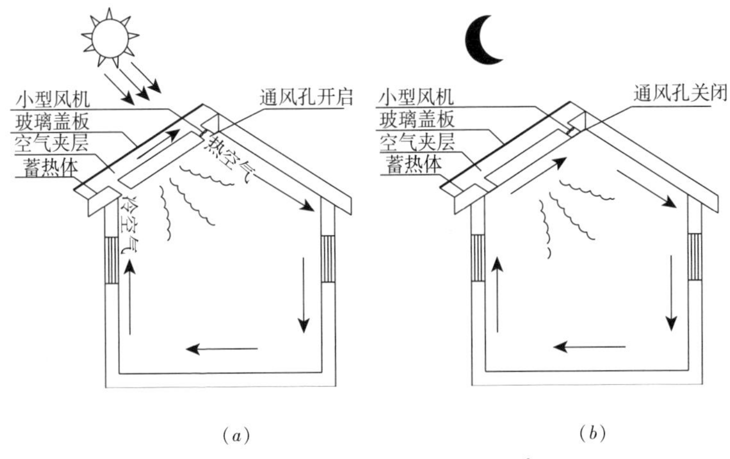


**图 4-2　集热蓄热屋顶供热过程示意图**

(*a*) 冬季白天；(*b*) 冬季夜间

### 4.1.2　数学模型

进行蓄热构件热过程分析时，基本假设条件有：蓄热体、玻璃及其他墙体表面温度均匀，视为灰体；蓄热体导热为一维常物性导热；忽略湿度对热平衡的影响，且蓄热构件空气层内无其他内热源；模型设定当空气层温度高于室内温度时，上下通风孔开启，其余时间关闭。

(1) 玻璃盖板热平衡方程

玻璃盖板热平衡方程可表述为：

$$q_{sg}(\tau)+q_{r,o}(\tau)-q_{c,go}(\tau)-q_{c,ga}(\tau)=0 \qquad (4-1)$$

式中　$q_{sg}(\tau)$ ——$\tau$ 时刻玻璃盖板吸收太阳辐射及蓄热体外表面反射的太阳辐射，W/m²；

$q_{r,o}(\tau)$ ——蓄热体外表面与玻璃盖板的辐射换热量，W/m²；

$q_{c,go}(\tau)$ ——玻璃盖板与室外空气的对流换热量，W/m²；

$q_{c,ga}(\tau)$ ——玻璃盖板与夹层空气的对流换热量，W/m²。

其中，

$$q_{sg}(\tau) = I_s(\tau)\alpha_g + I_s(\tau)\tau_g\rho_w\alpha_g \tag{4-2}$$

式中 $I_s(\tau)$——入射到蓄热体外表面的太阳辐射量，W/m²；
$\alpha_g$——玻璃盖板吸收率；
$\tau_g$——玻璃盖板透射率；
$\rho_w$——蓄热体外表面反射率。

$$q_{r,wg}(\tau) = h_{rw}(\tau)[T_{wo}(\tau) - T_g(\tau)] \tag{4-3}$$

式中 $T_{wo}(\tau)$——蓄热体外表面的温度，K；
$T_g(\tau)$——玻璃盖板的温度，K；
$h_{rw}(\tau)$——蓄热体外表面向玻璃盖板的长波辐射换热系数，W/(m²·K)，可按下式计算：

$$h_{rw} = \frac{\sigma_b(T_{wo}{}^4 - T_g{}^4)}{(T_{wo} - T_g)(\frac{1}{\varepsilon_g} + \frac{1}{\varepsilon_{wo}} - 1)} \tag{4-4}$$

式中 $\sigma_b$——斯蒂芬-玻尔兹曼常量，$\sigma_b = 5.67\times10^{-8}$ W/(m²·K⁴)；
$\varepsilon_g$、$\varepsilon_{wo}$——玻璃盖板表面和蓄热体外表面的长波发射率。

$$q_{c,go}(\tau) = h_{cgo}(\tau)[T_g(\tau) - T_w(\tau)] \tag{4-5}$$

式中 $h_{cgo}(\tau)$——玻璃盖板与室外空气对流换热系数，W/(m²·K)；
$T_w(\tau)$——室外空气温度，K。

$$q_{c,ga}(\tau) = h_{ca}(\tau)[T_g(\tau) - T_a(\tau)] \tag{4-6}$$

式中 $h_{ca}(\tau)$——玻璃盖板与夹层空气的对流换热系数，W/(m²·K)；
$T_a(\tau)$——夹层空气温度，K。

（2）夹层空气热平衡方程

蓄热构件夹层空气热平衡方程可表述为：

$$\rho_m c_p s \frac{dT_a(\tau)}{d\tau} = q_{c,ga}(\tau) + q_{c,o}(\tau) - q_{c,ra}(\tau) - q_{0m}(\tau) \tag{4-7}$$

式中 $q_{c,o}(\tau)$——夹层空气与蓄热体外表面的对流换热量，W/m²；

$q_{c,ra}(\tau)$——夹层空气通过上通风孔向室内的对流供热量，W/m²；

$q_{0m}(\tau)$——通过南向玻璃盖板的冷风渗透换热量，W/m²；

$s$——空气夹层厚度，m；

$c_p$——夹层空气的定压比热容，J/（kg·K）；

$\rho_m$——夹层空气密度，kg/m³。

其中，

$$q_{c,o}(\tau) = h_{co}(\tau)[T_{wo}(\tau) - T_a(\tau)] \tag{4-8}$$

式中 $T_{wo}(\tau)$——蓄热体外表面的平均温度，K；

$h_{co}(\tau)$——蓄热体外表面与夹层空气的对流换热系数。

$$q_{c,ra}(\tau) = m_a(\tau) c_m [T_u(\tau) - T_d(\tau)] \tag{4-9}$$

式中 $m_a(\tau)$——夹层空气的质量流率，kg/s；

$T_u$、$T_d$——上下通风孔的空气温度，K。

$$m_a(\tau) = 3600\,\bar{v}(\tau)\,\bar{\rho}(\tau)\,A_m \tag{4-10}$$

式中 $\bar{v}(\tau)$——夹层空气在横断面上的平均流速，m/s；

$\bar{\rho}(\tau)$——夹层空气的平均密度，kg/m³；

$A_m$——蓄热构件夹层空气的净横断面积，m²。

对于集热蓄热墙，$\bar{v}(\tau)$ 可按下式计算：

$$\bar{v}(\tau) = \sqrt{\frac{2gh_v}{8\left(\frac{A_m}{A_v}\right)^2+2} \cdot \frac{T_m(\tau)-T_r(\tau)}{T_m(\tau)}} \quad (4-11)$$

式中　$g$——重力加速度，kg/s²；

$h_v$——上下通风孔中心处的垂直间距，m；

$A_v$——集热蓄热墙通风孔的面积，m²；

$T_m(\tau)$——房间内表面平均辐射温度，K；

$T_r(\tau)$——室内空气的平均温度，K。

对于集热蓄热屋顶，$\bar{v}(\tau)$ 可通过风机的循环风量得到。

（3）蓄热体外表面热平衡方程

蓄热体外表面热平衡方程表述为：

$$q_{s,o}(\tau)-q_{c,o}(\tau)-q_{r,o}(\tau)-q_{\lambda,o}(\tau)=0 \quad (4-12)$$

式中　$q_{s,o}(\tau)$——蓄热体外表面的太阳辐射得热量，W/m²；

$q_{\lambda,o}(\tau)$——蓄热体外表面向内的传热量，W/m²。

其中，

$$q_{s,o}(\tau) = I_s(\tau)\beta_g\alpha_w \quad (4-13)$$

式中　$\alpha_w$——蓄热体外表面的吸收率。

$$q_{\lambda,o} = \sum_{n=0}^{n} X_C^*(n)T_o(\tau-n) - \sum_{n=0}^{n} Y_C^*(n)T_1(\tau-n) \quad (4-14)$$

式中　$T_0(\tau-n)$、$T_1(\tau-n)$——蓄热体外表面和内表面 $(\tau-n)$ 时刻的温度，K；

$X_C^*(n)$，$Y_C^*(n)$——蓄热体的外表面周期吸收反应系数和蓄热构件的周期传热反应系数。

（4）蓄热体内表面热平衡方程

蓄热体内表面热平衡方程表述为：

$$q_{\lambda,i}(\tau)-q_{c,i}(\tau)-q_{r,i}(\tau)=0 \tag{4-15}$$

式中 $q_{\lambda,i}(\tau)$——蓄热墙内表面接收到的传热量，W/m²；

$q_{c,i}(\tau)$——蓄热体内表面与室内空气的对流换热量，W/m²；

$q_{r,i}(\tau)$——由蓄热体内表面与房间其他围护结构内表面的辐射换热量，W/m²。

其中，

$$q_{\lambda,i}=\sum_{n=0}^{23}Y_C^*(n)T_0(\tau-n)-\sum_{n=0}^{23}Z_C^*(n)T_1(\tau-n) \tag{4-16}$$

式中 $Z_C^*(n)$，$Y_C^*(n)$——蓄热构件的内表面周期吸收反应系数和蓄热体的周期传热反应系数。

$$q_{c,i}(\tau)=h_{ci}(\tau)[T_{wi}(\tau)-T_r(\tau)] \tag{4-17}$$

式中 $h_{ci}(\tau)$——蓄热体内表面与室内空气的对流换热系数；

$T_{wi}(\tau)$——蓄热体内表面的温度，K。

$$q_{r,i}(\tau)=\sum_{j=1}^{n}h_{ri}(\tau)[T_{wi}(\tau)-T_j(\tau)] \tag{4-18}$$

式中 $h_{ri}(\tau)$——蓄热体内表面的长波辐射换热系数，W/(m²·K)；

$T_j(\tau)$——房间其他围护结构内表面的温度，K。

$h_{ri}(\tau)$ 可按下式计算：

$$h_{ri}=\frac{4\sigma_b T_m(\tau)^3}{\left[\frac{1}{F_k}+\frac{(1-\varepsilon_k)}{\varepsilon_k}\right]} \tag{4-19}$$

式中 $\varepsilon_k$——围护构内表面 $k$ 的发射率；

$F_k$——围护结构内表面 $k$ 的面积，m²。

## 4.2 集热蓄热墙优化设计

集热蓄热墙墙体的构造和空气夹层的设置是影响集热蓄热墙供热量及热效率的重要因素。本节主要从以下几个方面进行分析：墙体厚度与材料、保温层设置、空气夹层厚度、通风孔面积与中心距以及通风孔启闭模式。

### 4.2.1 墙体厚度与材料

蓄热体的厚度与材料对建筑热工的影响主要体现在其热惰性方面，而热惰性与蓄热体的导热系数和热容量两因素有关。

对于相同材料的墙体，薄墙的热惰性较小，通过墙体的传热量较大，但夜间的保温效果较差，可能会产生热倒流现象，且薄墙内表面温度波动较大，导致室内温度的波动较大；厚墙的热惰性较大，通过墙体的传热量少，有利于夜间保温，且厚墙内表面温度波动较小，室内温度较为稳定。因此，应合理选择蓄热墙的厚度，既要保证其昼间能较好地向室内传热，又要使其具有一定的保温性能，防止夜间热倒流。

以无保温形式的集热蓄热墙为例，分别对厚度为120mm、240mm和370mm的普通砖墙进行数值模拟研究。不同厚度砖墙内表面的逐时温度与热流值如图4-3和图4-4所示，其中，集热蓄热墙内表面的逐时热流为正值时表示蓄热墙向室内传热。

由图可见，以上3种厚度的墙体中，120mm墙体内表面温度全天内波动最大，达到22.2℃，墙体外表面温度波的延迟时间分别达到了1h、4h和8h。与薄墙相比，厚墙对温度波的延迟和衰减效果更为明显。此外，墙体厚度越大，向室内的供热时刻越晚且持续时间越长。由于室外温度较低，3种墙体均有不同程度的热倒流现象，厚度越小该现象越明显。

图4-5所示为不同厚度墙体的供热量比较，由图可知，当

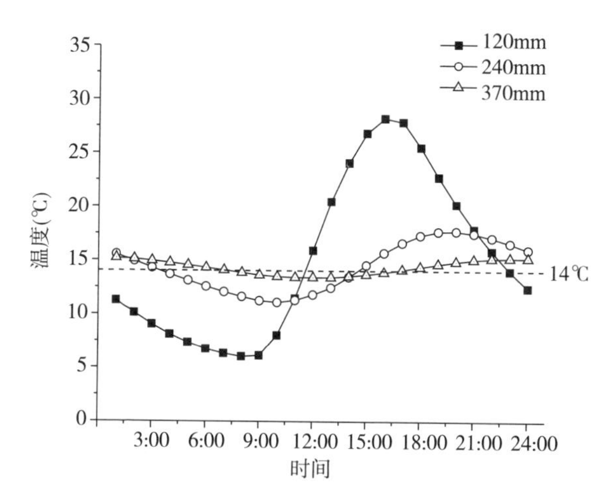


**图 4-3 蓄热墙内表面逐时温度**

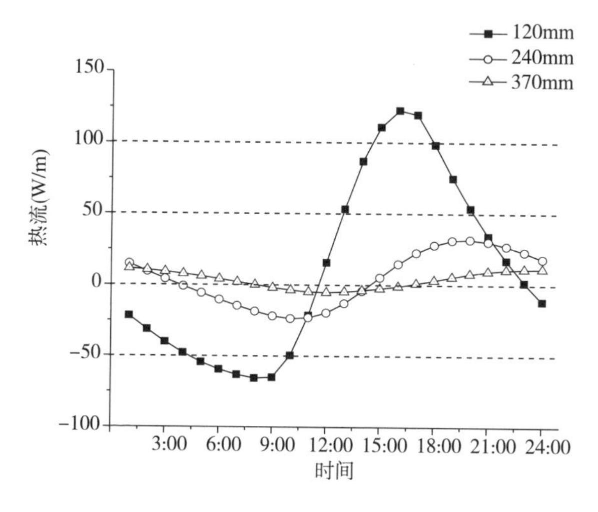


**图 4-4 蓄热墙内表面逐时热流**

墙体厚度从 120mm 增加到 240mm 时，集热蓄热墙的对流供热量显著提高；当墙体厚度从 240mm 增加到 370mm 时，集热蓄热墙的对流供热量变化不大。通过蓄热体的传热量随着集热蓄热墙厚度的增加而减少。总供热量随着集热蓄热墙的厚度增加逐渐减少。

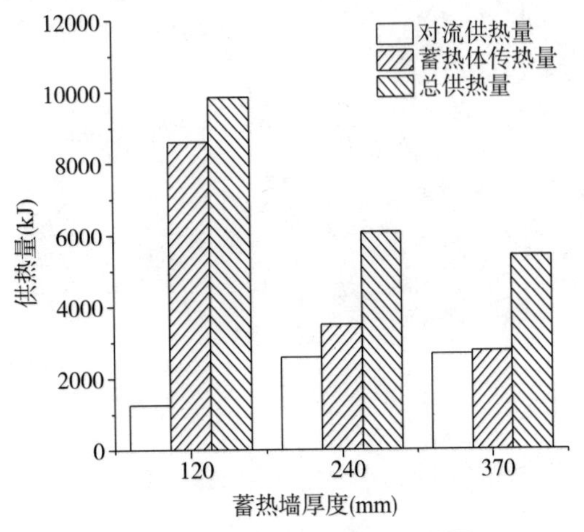


**图 4–5　不同厚度墙体的供热量**

由图 4–3 ~ 图 4–5 可知，蓄热墙体厚度对集热蓄热墙热性能影响很大，120mm 薄墙的热效率较高，但是由于在夜间热倒流现象较为严重导致室内温度波动较大。240mm 砖墙和 370mm 砖墙热效率相差不大，较为寒冷的地区可以考虑使用 370mm 砖墙，其他地区使用 240mm 砖墙即可。

不同的建筑材料热物理性质不同，在集热蓄热墙体中使用时其热特性有明显差异。分别对泡沫混凝土 A、泡沫混凝土 B、碎石混凝土、普通黏土砖四种材料集热蓄热墙进行数值模拟，各材料的热物性参数如表 4–1 所示。

**集热蓄热墙模型物性参数**　　**表 4–1**

| 材料名称 | 密度 (kg/m³) | 导热系数 [W/(m·K)] | 比热 [J/(kg·K)] | 温度 (℃) |
|---|---|---|---|---|
| 普通黏土砖 | 1800 | 0.81 | 880 | 20 |
| 碎石混凝土 | 2344 | 1.84 | 750 | 20 |
| 泡沫混凝土 A | 232 | 0.077 | 880 | 20 |
| 泡沫混凝土 B | 627 | 0.29 | 1590 | 20 |

不同材料墙体内表面的逐时温度如图 4-6 所示。可见，使用不同材料时，墙体内表面温度差别大。其中，碎石混凝土墙内表面的温度波动最大，达到 10.8℃。相比体积热容对蓄热墙内表面温度影响，导热系数的影响更为显著，导热系数越小，集热蓄热墙内表面温度波动越小。此外，由于室外温度较低，四种材料均存在不同程度的热倒流现象。

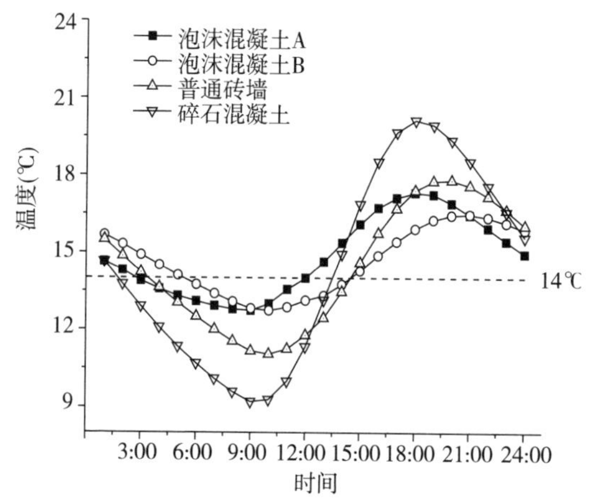


**图 4-6　不同材料墙体内表面逐时温度**

图 4-7 所示为采用不同材料墙体的供热量。可以看出，当墙体厚度相同时，随着材料导热系数的增大，体积热容减小，对流供热量逐渐减小，通过蓄热体的传热量逐渐增加。这是由于导热系数小的材料墙体外表面温度较高，从而提高了通风孔的风速和空气温度；体积热容小的材料蓄热墙内表面升温速度较快。

研究还表明，对于蓄热体外保温构造形式，受外保温层的隔热作用，墙体材料对集蓄热特性影响不大；对于无保温和内保温形式，使用体积热容和导热系数较小的材料可以提高蓄热墙的夜间保温性能和集热蓄热墙的热效率。

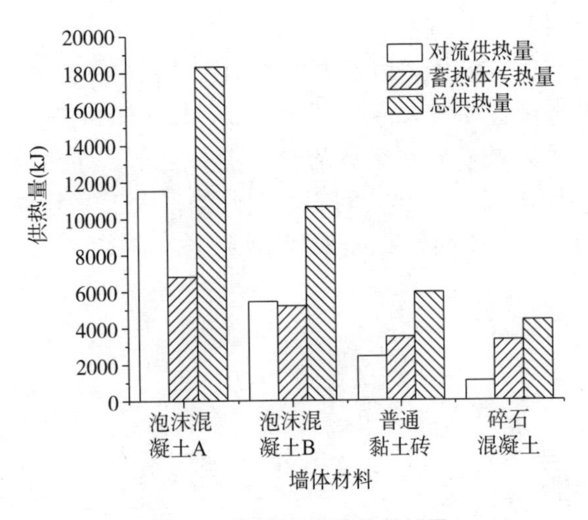


**图 4-7　不同材料墙体供热量**

### 4.2.2　墙体保温层

（1）对流供热特性

以拉萨地区为例，三种保温结构集热蓄热墙夹层空气平均温度和墙体单位面积的逐时对流供热量如图 4-8 和图 4-9 所示，其中保温层采用 50mm 聚苯保温板。

对于外保温形式，太阳辐射得热被阻碍，白天热量通过夹层空气对流传入室内，蓄热体蓄热量较少，逐时对流供热量随太阳辐射变化敏感，且明显大于其他两种形式的集热蓄热墙。外保温形式集热蓄热墙供热量在时间分布上不均匀，在 8:00 ~ 16:00，夹层空气平均温度远高于其他两种形式；其他时刻，无保温、内保温形式集热蓄热墙由于墙体蓄积的热量较多，可持续缓慢地向夹层空气释放热量，且集热蓄热墙夹层空气平均温度均大于外保温形式，在时间分布上更均匀。此外，内保温形式由于阻碍了墙体蓄热量向室内的传递，因此热量较多的集蓄在夹层空气内，使夹层空气温度略高于无保温形式。

拉萨地区集热蓄热墙上通风孔出风温度和质量流率逐时变

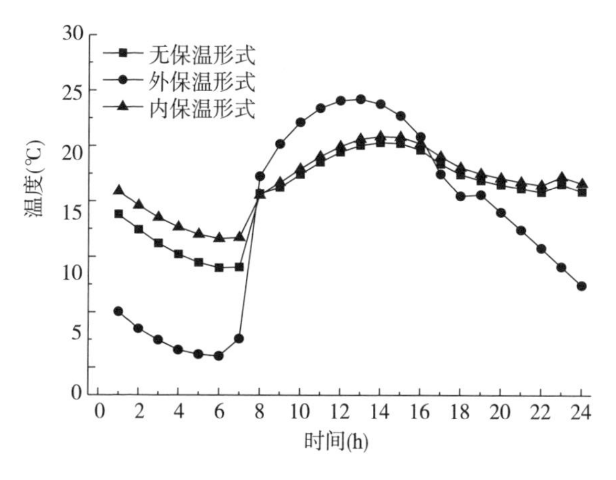


图 4-8 集热蓄热墙夹层空气温度

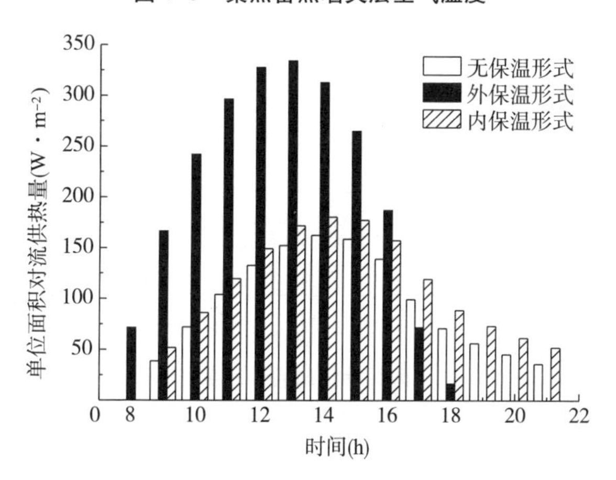


图 4-9 集热蓄热墙逐时对流供热量

化如图 4-10 和图 4-11 所示。

由图可见，外保温形式集热蓄热墙通风孔开启时间少于其他两种形式。19:00 ~ 22:00 期间，无保温和内保温构造由于集热蓄热墙的蓄热量大，对流供热作用延长约 4h，可有效地将供热量平均化，此时应合理增加通风口的开启时间。

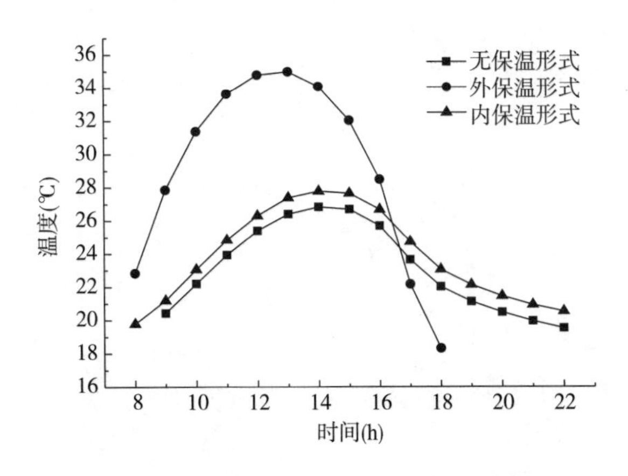


图 4-10　通风孔出风平均温度逐时变化

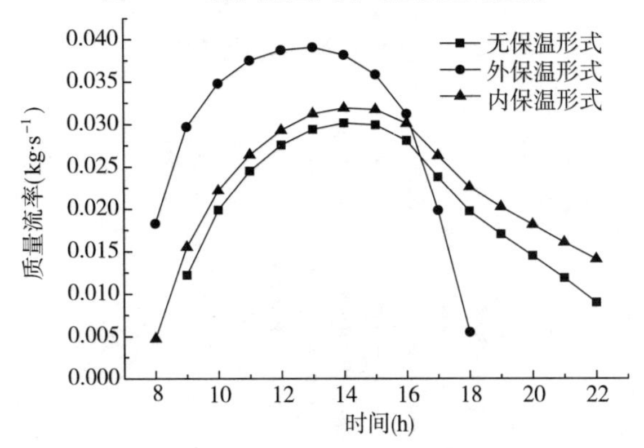


图 4-11　通风孔出风质量流率逐时变化

（2）通过蓄热体的传热量

拉萨地区采用三种不同保温形式集热蓄热墙内外壁面的逐时温度如图 4-12 所示。

从图中可知，内保温形式集热蓄热墙由于保温层的隔热作用，外壁面温度随太阳辐射的热响应变化较大，而内壁面温度与其他两种保温构造墙体相比较为稳定。外保温形式集热蓄热墙由于保温层热阻大，墙体热稳定性较好，所以内外壁面的温度均略高于无保温形式集热蓄热墙。

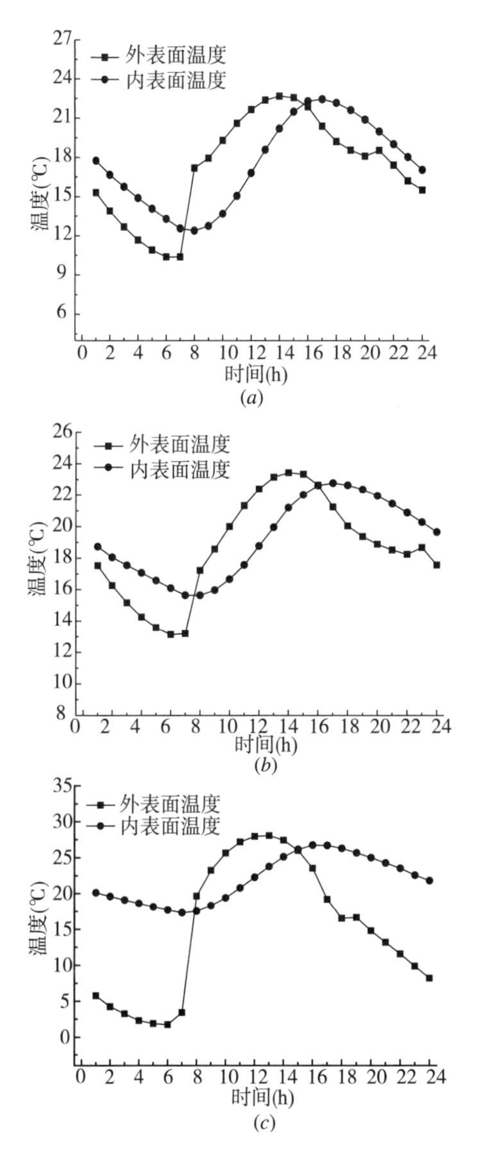


**图 4-12 不同保温形式集热蓄热墙内外壁面逐时温度**

(*a*) 无保温形式；(*b*) 外保温形式；(*c*) 内保温形式

拉萨地区三种保温构造形式集热蓄热墙蓄放热特性和通过蓄热体的传热量分别如图4-13和图4-14所示。

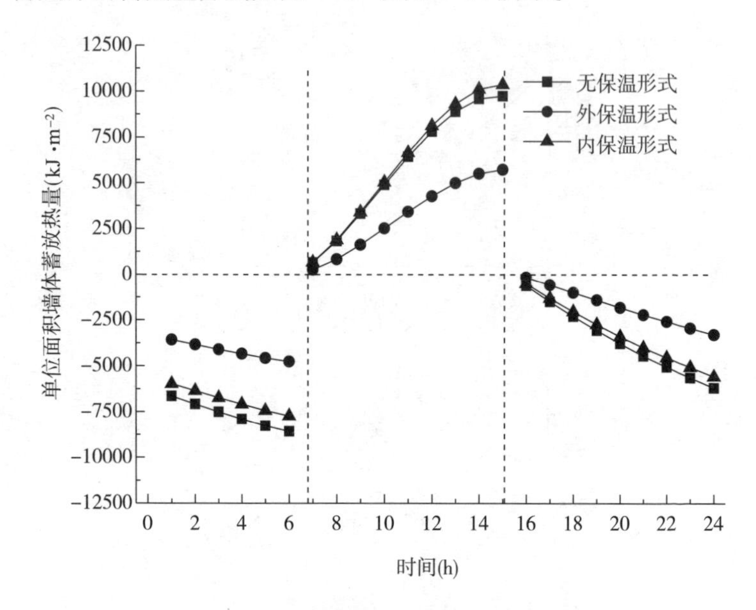


图4-13 集热蓄热墙总蓄放热量特性

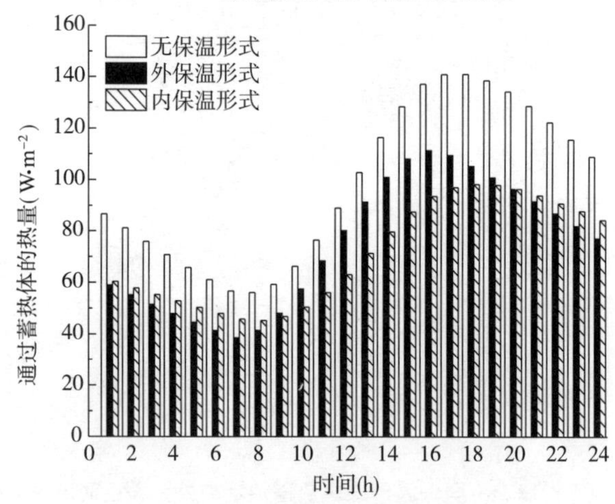


图4-14 通过蓄热体的传热量

由图可见，在7:00～15:00期间，蓄热量随时间逐渐增大，其余时间墙体处于放热状态。其中，外保温形式集热蓄热墙受保温层隔热作用影响，墙体蓄放热均较少，太阳辐射热量更多地被夹层空气吸收，有利于强化自然对流换热。无保温与内保温形式集热蓄热墙外表面白天直接吸收太阳辐射，二者总蓄热量基本相同；夜间同时向室内外放热，内保温构造的放热量低于无保温构造。拉萨地区典型日太阳辐射强度最大值出现在12:00左右，外保温通过墙壁的传热量峰值延迟时间约4h，无保温、内保温则延迟时间约6h，较长的延迟时间可适当调节夜间的室内温度。

通过对比拉萨地区集热蓄热墙在不同保温构造形式下通过蓄热体的传热和对流供热特性，可知，外保温形式的集热蓄热墙强化了夹层空气对流换热的效果，向室内的对流供热量大于室内通过蓄热体的传热量，其他两种保温形式则相反，这表明无保温、内保温两种形式通过蓄热体的传热作用较为明显。此外，由于室内侧的内保温层阻碍了部分蓄热体向室内传热，夹层空气可获得更多的热量，因此，内保温形式集热蓄热墙的对流供热效果强于无保温形式。

（3）集热效率分析

集热蓄热墙的集热效率为一个周期内墙体供给室内的得热量与墙体南向表面接收的太阳辐射量 $Q_s$ 之比，而集热蓄热墙供给室内的热量为对流得热量 $Q_c$ 和蓄热体传热量 $Q_\lambda$ 之和。因此，集热蓄热墙的集热效率可表示为：

$$\eta = \frac{Q_c + Q_\lambda}{Q_s} \times 100\% \tag{4-20}$$

通过上式可求得四个地区不同保温构造形式的集热蓄热墙热效率，如表4-2所示。

四个典型地区集热蓄热墙集热效率　　表 4-2

| 地域 | 拉萨 | 西宁 | 刚察 | 西安 |
|---|---|---|---|---|
| 典型日集热蓄热墙表面入射太阳辐射(W) | 13473 | 10158 | 11794 | 8271 |
| 无保温总供热量(W)/热效率 | 10527/0.781 | 6848/0.674 | 6821/0.578 | 5853/0.708 |
| 外保温总供热量(W)/热效率 | 11767/0.873 | 7937/0.784 | 8076/0.685 | 6629/0.801 |
| 内保温总供热量(W)/热效率 | 9399/0.698 | 5698/0.564 | 5393/0.457 | 4924/0.595 |

由表可知，集热蓄热墙的供热效率受到太阳辐射及室外空气温度共同影响。较强的太阳辐射提高了集热蓄热墙的集蓄热量，而较高的室外空气温度可减少集热蓄热墙的集蓄热量向室外的热损失。因此，相同条件下拉萨地区的热效率最高。三种保温构造形式的集热蓄热墙，外保温形式具有最高的热效率，内保温供热效率最低。因此可以得出以下结论：蓄热体传热量是通过蓄热作用缓慢释放且易受冬季室外较低空气温度的影响而向室外耗散，而对流供热可直接提高室温，因此提升集热蓄热墙供热效率的关键在于强化夹层空气的自然对流。

### 4.2.3　空气夹层

影响集热蓄热墙空气夹层传热特性的因素主要包括空气夹层厚度、通风孔面积、上下通风孔中心距和通风孔启闭模式。

（1）空气夹层厚度

集热蓄热墙空气夹层内的空气流动属于有限空间的自然对流，当流动处于层流态时，空气夹层的厚度越大，蓄热墙的热效率越高；而当流动处于紊流态时，随着夹层厚度的增加，集热墙热效率的变化须通过实际计算来确定。分别对夹层厚度为 25mm、50mm、75mm、150mm、200mm 的集热蓄热墙进行数值模拟。

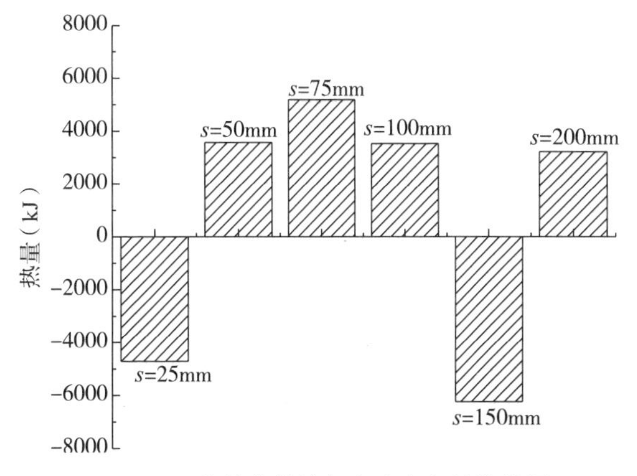


**图 4-15　集热蓄热墙与室内空气的换热量**

不同空气夹层厚度时全天集热蓄热墙与室内空气的换热量如图 4-15 所示；不同空气夹层厚度时墙体日平均温度如图 4-16所示。

从图中可见，当夹层厚度 *s* 为 25mm 和 150mm 时，全天内集热蓄热墙不但没有起到向室内供热的作用，反而使室内损失了热量。结合墙体日平均温度随空气夹层厚度的变化，可知合适的夹层厚度取值范围在 50～100mm 之间。

（2）通风孔面积及中心距

当通风孔面积增加时，空气夹层横断面上的空气流速增加，流入和流出空气夹层的空气流量增加，集热蓄热墙的对流供热量增加。同时集热蓄热墙的温度降低，通过蓄热体的传热量将会减少。因此，在确定通风孔面积时要同时考虑对流供热和蓄热体传热两种因素，通过确定合理的通风孔面积，使集热蓄热墙的热效率达到最高。利用简化模型分别对以下 4 种集热蓄热墙进行了数值模拟：没有通风孔；上、下各有 2 个尺寸为 240mm×240mm 的通风孔；上、下各有 3 个尺寸为 240mm×240mm 的通风孔；上、下各有 4 个尺寸为 240mm×240mm 的通风孔。

不同通风孔面积的集热蓄热墙供热量如图 4-17 所示，无通

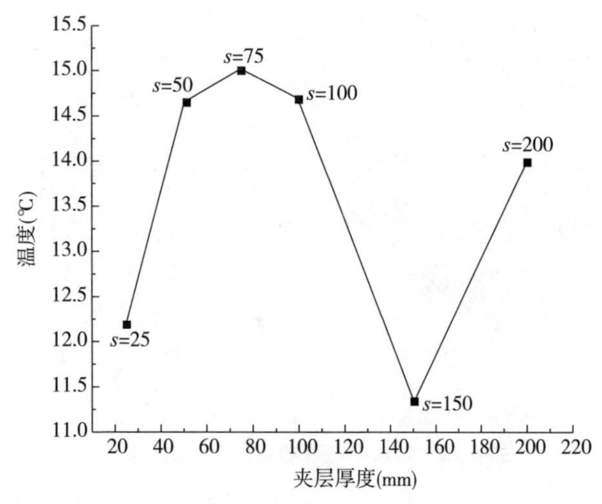


图 4-16 墙体日平均温度随夹层厚度的变化

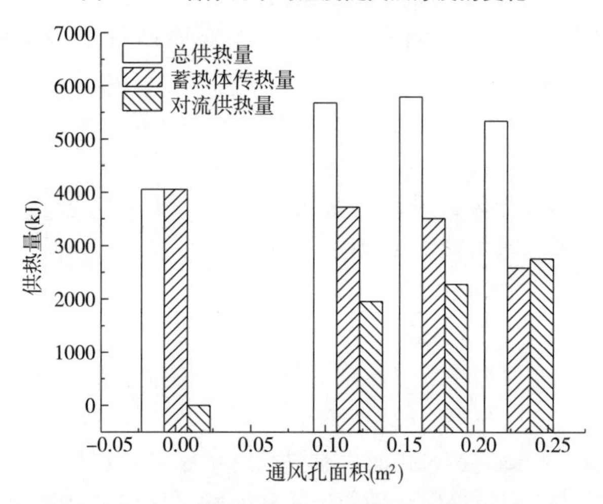


图 4-17 不同通风孔面积的集热蓄热墙供热量

风孔时，集热蓄热墙无对流供热作用，蓄热体传热量为 4000kJ 左右。随着通风孔面积的增加，通过蓄热体的传热量逐渐减少，对流供热量逐渐增加，集热蓄热墙向室内的总供热量先逐渐增加，然后再逐渐减少。

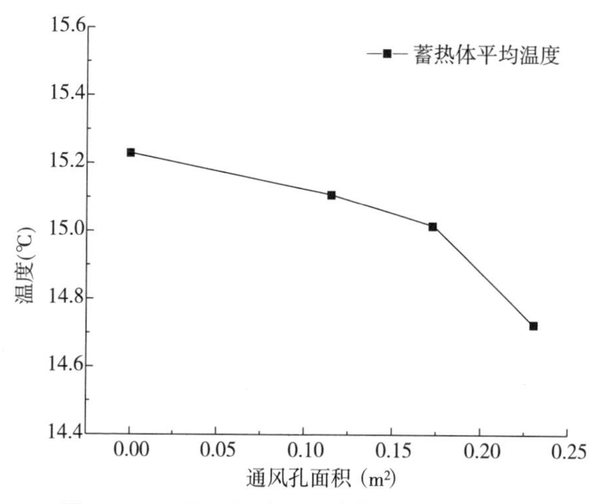


图 4-18　不同通风孔面积的蓄热体日平均温度

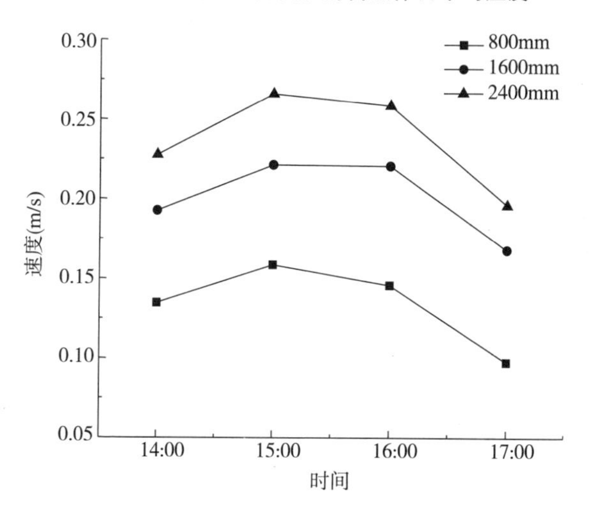


图 4-19　上通风孔出口逐时风速

随着通风孔面积的增加，集热蓄热墙墙体的日平均温度逐渐下降，如图 4-18 所示。夹层内空气的自然对流对集热蓄热墙的降温效果明显。当上下各有 2 个通风孔和上下各有 3 个通风孔时，集热蓄热墙的热效率较高。所以，集热蓄热墙的通风孔面积在 0.1 ~0.2$m^2$ 之间，即通风孔面积为墙体面积的 1% ~2%

之间时，集热蓄热墙的热效率较高。

通风孔的中心距越大，上下通风孔空气的温差越大，空气夹层空气流速将会越大。因此，增加上下通风孔的中心距，可以提高蓄热构件的热效率。对集热蓄热墙模型中通风孔的中心距分别为800mm、1600mm和2400mm的三种墙体进行模拟，其上通风孔的逐时出口风速和出口风温分别如图4-19和图4－20所示。图4-21所示为不同通风孔中心距集热蓄热墙的供热量。

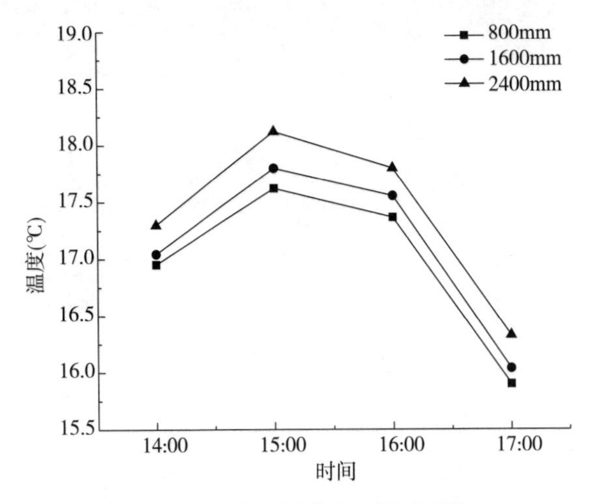


**图4-20　上通风孔出口逐时风温**

当通风孔中心距增加时，空气夹层上部和下部的温度差增大，从而使上部和下部的密度差增大，空气流动动力增大，空气流速提高。从图4-19可以看出，当通风孔中心距从800mm增加到1600mm时，上通风孔的逐时风速提高，在通风孔开启时段内，上通风孔的出口平均风速提高了0.066m/s。由图4-20和图4-21可知，随着通风孔中心距的增加，夹层空气的得热量增加，从而使上通风孔的出口空气温度有所提高，当通风孔中心距从800mm增加到1600mm时，上通风孔的出口空气温度在各个时段均有提高，在通风孔开启时段内，上通风孔的出口平均空气温度提高了0.15℃。此外，集热蓄热墙向室内的对流供热量也逐渐增加，通过蓄热体的传热量逐渐减少，总供热量逐渐增加。综上可知，集热蓄热墙在开孔时，应该尽量增加上下通风孔的中心距。

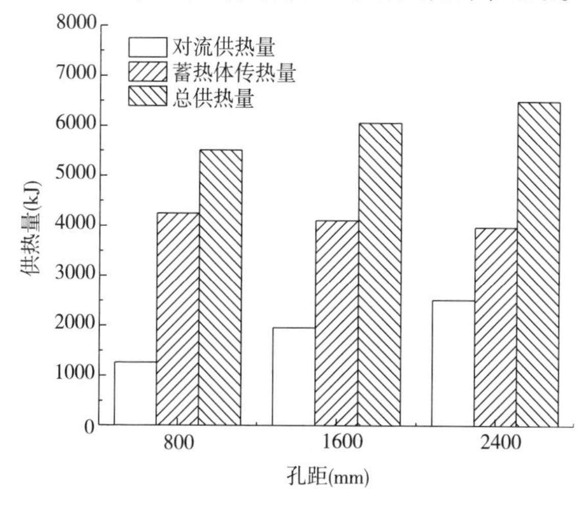


**图 4-21 不同通风孔距集热蓄热墙的供热量**

（3）通风孔最佳启闭模式

集热蓄热墙供暖性能与通风孔启闭模式直接相关。为保证集热蓄热墙供热性能达到最佳，合理的通风孔启闭时刻至关重要。合理的启闭模式应为：空气层内平均温度高于室内空气温度时通风孔开启，低于室内空气温度时则通风孔关闭。

以青海省刚察县牧民定居点太阳能采暖示范工程为对象进行实验研究，总建筑面积 9360m$^2$。实验研究建筑的面积为 78m$^2$，建筑朝向为南偏西 15°。建筑平面及集热蓄热墙南立面如图 4-22 所示。

测试期间该地区冬季日照持续时间在 10 ~ 11h 之间，太阳总辐射强度中直射辐射部分约占 80% ~ 85%；该地区纬度较高，太阳高度角小，南立面接收到的太阳辐射显著大于水平面。

各通风孔气流速度如图 4-23 所示，测试期间通风孔风速以空气层流入室内为正，反之为负。

从图中可见，在热压作用下，夹层空气、通风孔及室内空

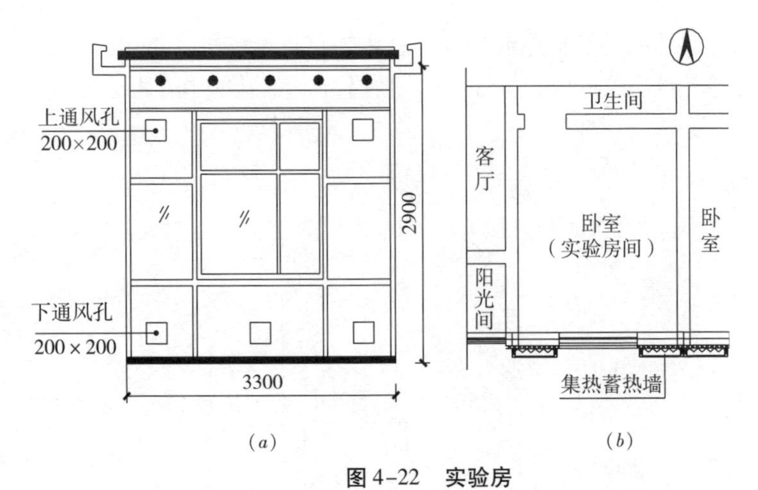


(*a*)　　(*b*)

**图 4-22　实验房**

(*a*) 实验房南立面；(*b*) 实验房平面

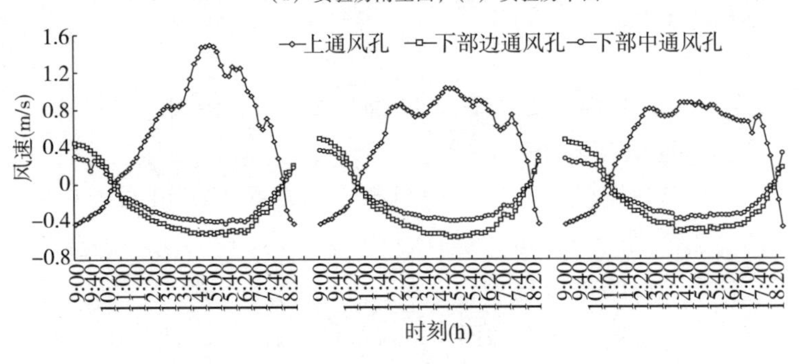


**图 4-23　各通风孔气流速度**

气形成自然对流循环。测试期间通风孔在日出时刻打开(8:00)，日落时刻关闭（19:00）。10:30 前上通风孔风速为负值，下部为正值，表明室内空气由上通风孔流入空气层，夹层空气由下通风孔流入室内，为逆循环，对室内空气而言为降温过程；该时刻之后为正循环，对室内空气为加热过程。这是由于日出时刻太阳辐射强度较小，对蓄热墙及空气层温度加热程度有限，随着太阳辐射的逐渐增加，10:30 空气层温度开始逐渐高于室内空气温度。因此，通风孔在 10:30 左右，即日出后2 ~ 3h 内打开较为合理；同理，在 18:00 左右，空气层内平均温度与室内空气温度相当，该时刻之后，空气层内平均温度低于室内空气温度，为逆循环，因此通风孔在 18:00，即日落前 1h 左右关闭较为合理。

空气夹层温度和房间温度如图 4–24 和图 4–25 所示。

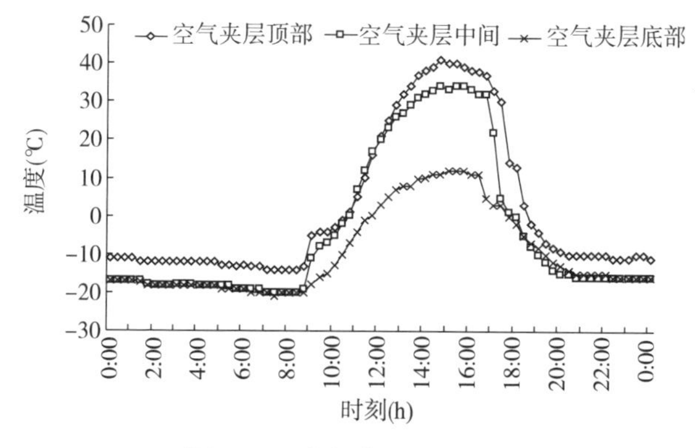


**图 4–24　空气夹层温度分布**

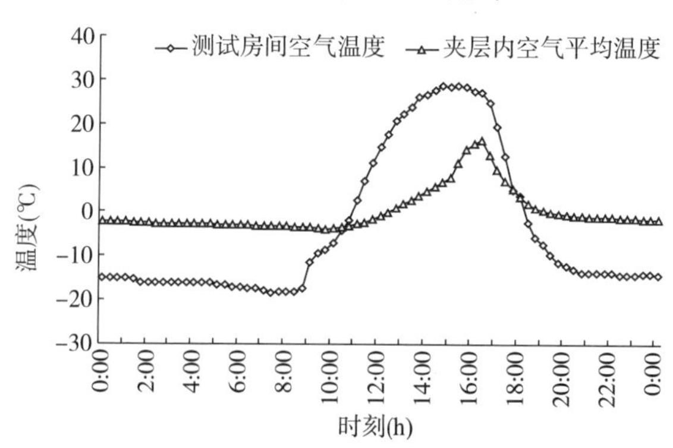


**图 4–25　空气层及测试房间平均温度**

从图中可知，空气夹层内温度有明显的分层效果，上、中和下测点日平均温度分别为 2.0℃、–3.7℃和 –9.6℃，通风孔昼间开启时间内（10:30 ~ 18:00），平均温度分别为 28.3℃、22.5℃和 5.6℃，为集热蓄热墙通风对流换热提高昼间室温提供了良好的温差条件。图 4–23 从通风孔风速的变化规律给出了合理的通风孔启闭时间，图4-25从温度的变化规律更直观的说明了这一点，10:30和18:00时刻空气层平均温度与室内空气温度相当，在10:30~18:00期间，空气层平均温度大于室内空气温度。综合上述测试结果，通风孔在日出后2~3h开启，日落前1h关闭效果最佳。

## 4.3 集热蓄热屋顶优化设计

蓄热体的构造和空气夹层的设置是影响集热蓄热墙供热量的主要因素。结合集热蓄热屋顶夹层空气的对流形式和蓄热体的布置形式，主要从以下几个方面进行分析：屋顶厚度与材料、保温层设置、空气夹层循环风量、通风孔中心距和屋顶倾斜角度。

### 4.3.1 屋顶厚度与材料

与集热蓄热墙类似，当材料确定后，集热蓄热屋顶的厚度主要影响导热热阻和热容量。由于蓄热体应具备保温、隔热、防水等基本功能，同时要直接承受屋面荷载，其厚度的选取与结构设计密不可分，在此不对其进行热工优化。

不同屋顶材料对集热蓄热屋顶的热性能影响不同，以平屋顶形式为例进行分析，结果见图4-26和图4-27。

不同材料屋顶的对流供热量差别较大，其中泡沫混凝土A的对流供热量全天均较高，而碎石混凝土屋顶的对流供热量昼间较低。随着屋顶材料导热系数的增大，对流供热量逐渐降低。当材料导热系数大时，蓄热体传热量大，使得夹层空气与蓄热体外表面的对流换热减弱，对流供热量降低。由不同材料的蓄热体日平均传热量可见，随着屋顶材料体积热容的增大，蓄热体日平均传热量增大。为了使集热蓄热屋顶具有良好的保温性能，应选用导热系数小的材料。此外，对坡屋顶的研究表明，屋顶材料对其影响与平屋顶的变化规律一致。

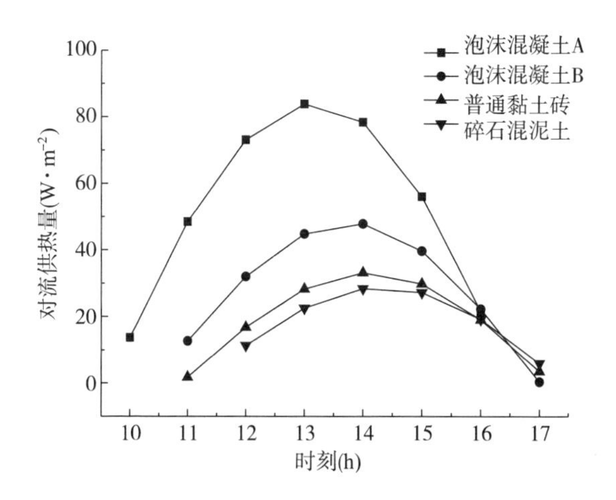


图 4-26 不同屋顶材料对流供热量

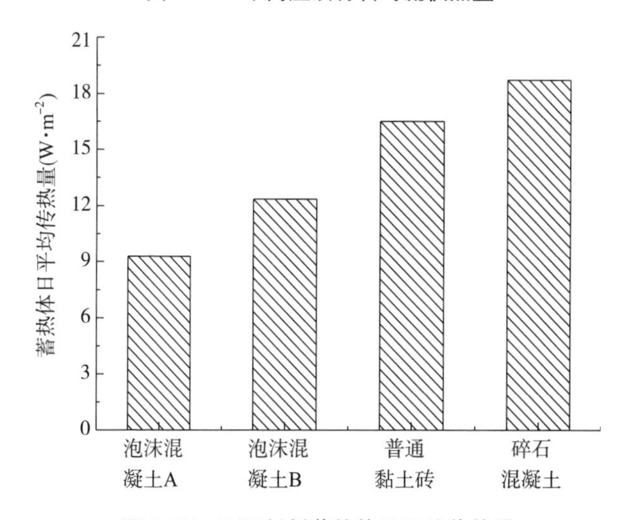


图 4-27 不同材料蓄热体日平均传热量

## 4.3.2 屋顶保温层

与集热蓄热墙类似，对集热蓄热屋顶采用外保温、内保温及无保温三种形式，循环风量为 0.115$m^3/s$，通风孔尺寸 240mm × 240mm，通风孔中心距为 2000mm，分析以平屋顶为例。

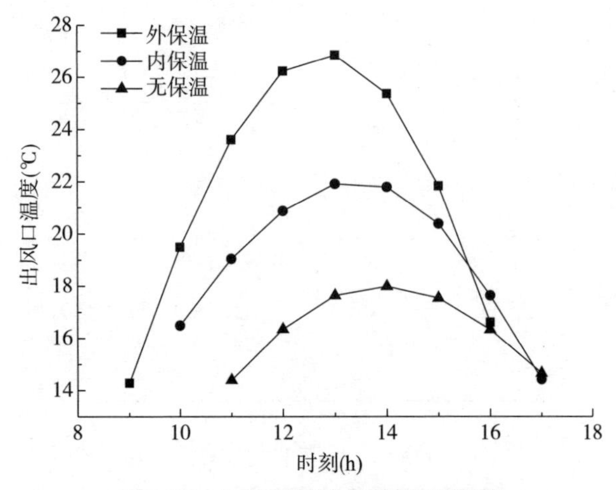


**图 4-28　不同保温形式下出风口温度**

昼间对流供热量大小可用出风口温度体现，三种形式下在开启通风孔后的出风口温度，如图 4-28 所示。

由图可知，外保温形式出风口温度较高，无保温时最低。外保温出风口温度上升较快，在 13:00 左右达到最高温度 27℃。内保温形式出风口温度上升缓慢，在相同时刻达到最高温度 22℃。无保温形式在 14:00 左右达到最高温度 18℃。比较三种形式出风口温度，外保温形式下最高，且外保温形式的出风口温度上升开始时间较早，在日出后 2h 即达到 14℃，但日落前 3h 温度已下降到 14℃；相比于外保温形式的温度衰减，内保温和无保温形式下可延迟 1h。

三种保温形式下通过屋顶向室内的传热情况如图 4-29 所示。

可见，无保温形式屋顶全天传热量最大，同时波动较大，外保温形式传热量低于无保温形式且波动相对较小，而采用内保温形式时，全天传热供热量变化较小。这主要是因为无保温结构热阻较小，传热系数较大，使得更多的热量可以相对更快的通过结构层传递到室内侧，同时呈现出较大的波动。当屋顶采用外保温形式时，由于外保温层的导热系数较小，使得热量可以更多地积聚在夹层空气中，减小了通过蓄热体的传热量。

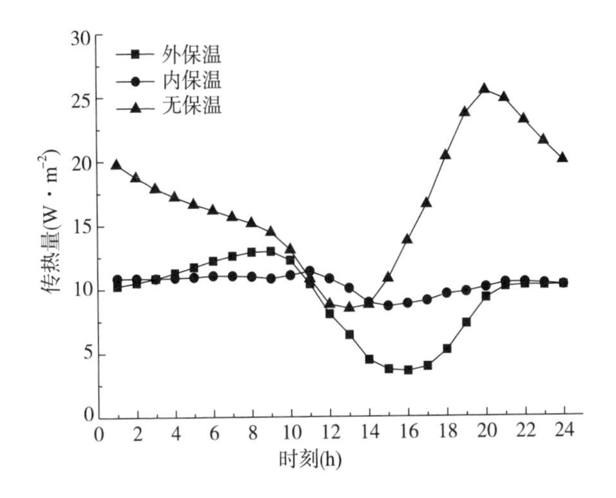


**图 4-29 不同保温形式下通过蓄热体的传热量**

对于内保温结构形式，当通过蓄热体的传热量通过重质屋顶向室内传递时，由于内保温的阻隔，全天向室内传热量均较少，所以几乎无波动。

对于使用不同保温形式的坡屋顶，以 45°坡屋顶为例进行分析可知，三种保温形式中，外保温形式出风口温度最高，无保温最低；相比于外保温形式的温度衰减，内保温和无保温形式下可延迟 3h。其供热量变化规律与平屋顶一致，但由于坡屋顶较好的集热蓄热效果，使得出风口温度和供热量在数值大小和时间上有所区别。

### 4.3.3 空气夹层

分别在自然对流、强迫对流的两种情况下对空气夹层进行优化。

（1）基于自然对流的优化

处于自然对流的夹层空气，完全依靠浮力引起的热虹吸作用产生循环流动。此时，影响蓄热构件传热性能的主要因素包括屋顶倾斜角度和通风孔中心距。

1）屋顶倾斜角度

集热面接收的太阳辐射能量直接影响到集热蓄热屋顶的供热量。为获得更多的太阳辐射热量，应选择最佳的集热倾斜角。

某一地区采暖期内，正午太阳高度角在一定范围内变化。以拉萨地区为例进行分析。集热蓄热屋顶倾斜角度从0°～90°变化对供热量的影响如图4-30及图4-31所示。

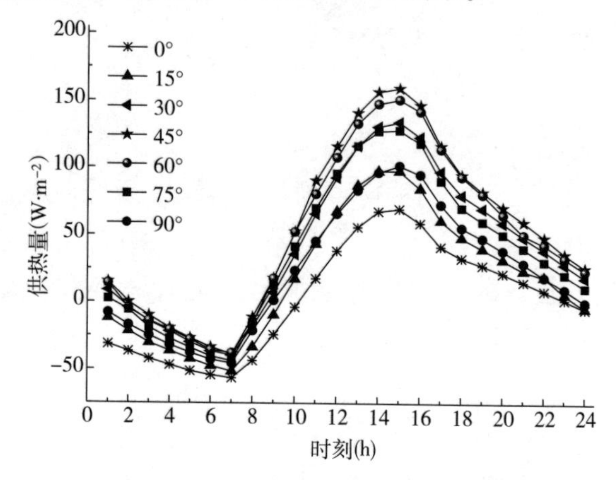


图4-30 屋顶倾角对逐时供热量影响

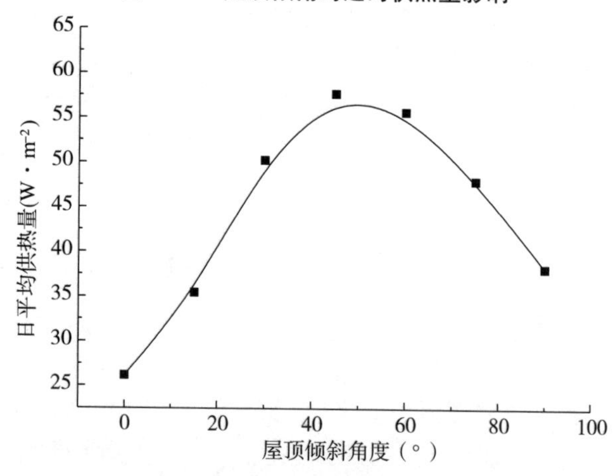


图4-31 屋顶倾角对日平均供热量影响

屋顶供热量的变化趋势主要受太阳辐射的影响，但是供热量与太阳辐射相比在时间上具有明显的延迟现象。在 0:00 ~ 7:00期间，由于无太阳辐射，随着室外温度的降低，供热量也呈现降低的趋势；随着太阳辐射的增强，屋顶供热量一直增大，在 15:00 左右供热量达到最大，随后供热量又呈下降趋势。随着集热蓄热屋顶倾斜角度的增大，日平均供热量先增大后减小，45°坡屋顶时日供热量达到最大，主要由接收到的太阳辐射强度和通风口垂直高差决定。平屋顶和 45°坡屋顶日最大供热量分别可达到 54W/m$^2$、159W/m$^2$。

拉萨地区正午太阳高度角在冬季平均约为 45°，当屋顶倾斜角度为 45°时，太阳光可垂直照射在屋顶上，具有较好的太阳辐射收集效果。考虑到整个冬季太阳高度角的变化，建议屋顶倾角可变化范围为 40° ~ 50°。

2）通风孔中心距

以平屋顶为例，分别对上下通风孔中心距为 500mm、1000mm、1500mm、2000mm、2500mm 和 3000mm 进行模拟分析。

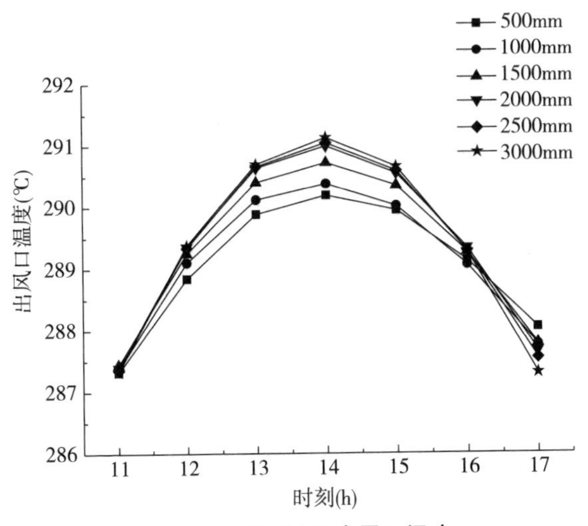


图 4-32　不同孔距出风口温度

不同通风孔中心距下的出风口温度如图 4–32 所示。不同通风孔中心距下的对流供热量如图 4–33 所示。

根据图 4–32，当通风孔中心距从 500mm 增大到 3000mm 的过程中，出风口温度从 11∶00 ~ 16∶00 逐渐增加，之后则出风口温度逐渐减小，主要是由于太阳辐射强度的减弱使集热蓄热屋面外表面温度降低，夹层空气对流换热能力减弱，通风孔中心距越长，向室外低温空气散失的热量则越大，导致出风口温度呈现相反趋势。

根据图 4–33，当通风孔中心距从 500mm 增大到 3000mm 的过程中，对流供热量随着通风孔中心距的增大而增加。上下通风孔中心距越大，夹层空气流经集热蓄热屋顶外表面时换热时间越长，出风口温度就越高，白天对流供热量则相应增加。因此，在条件允许的情况下，可尽量增加通风孔的中心距。

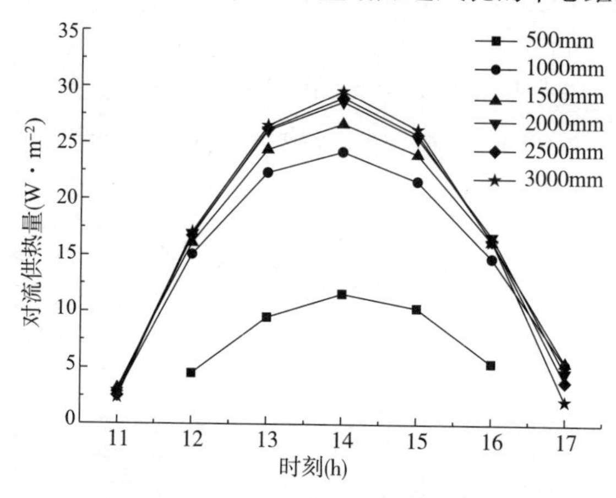


图 4–33　不同孔距对流供热量

平屋顶不同通风孔中心距时，通过蓄热体的日平均传热量和日平均总供热量的变化如图 4–34 所示。随着通风孔中心距的增大，总供热量越来越大，通过蓄热体的传热量逐渐减少。但是中心距增大到 2000mm 时，日平均总供热量和通过蓄热体的传热量变化不显著。对坡屋顶的研究表明，其通风孔中心距对传热量的影响规律类似于平屋顶。

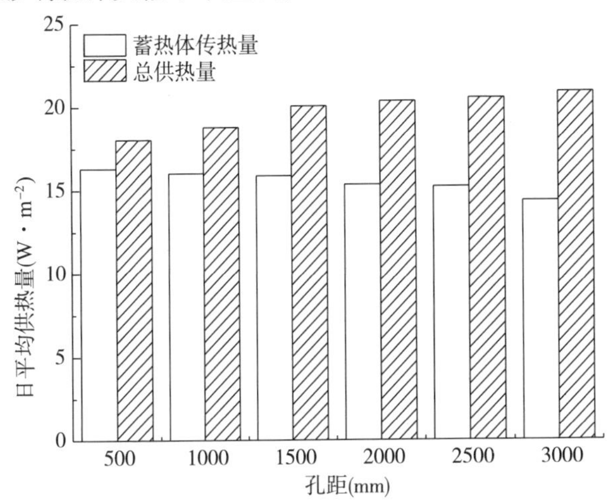


图 4-34　不同孔距通过蓄热体的传热量和总供热量

可见，集热蓄热屋顶在开孔时，为提高日平均供热量应该尽量增加上下通风孔的中心距，但是当通风孔中心距增大到 2000mm 后，日平均供热量差异并不大，因此，通风孔中心距宜取 2000mm。

（2）基于强迫对流的优化

在自然对流形式下，通风量通常难以满足要求，也易形成建筑顶部热堆积现象。因此，可通过机械手段进行改善，在通风孔中加入风机，使夹层空气在由热虹吸和风机压头的共同作用下作强迫对流，此时蓄热构件传热性能的影响因素主要是空气夹层的循环风量。

选取四种风机风速，分别为 1m/s、1.5m/s、2m/s 和 4m/s，以平屋顶为例进行优化分析，对应的循环风量分别为 0.058$m^3$/s，0.086$m^3$/s，0.115$m^3$/s 和 0.230$m^3$/s。

不同循环风量集热蓄热屋顶的供热量如图 4-35 和图 4-36 所示。昼间，随着风机循环风量的增大，对流供热量逐渐增大。

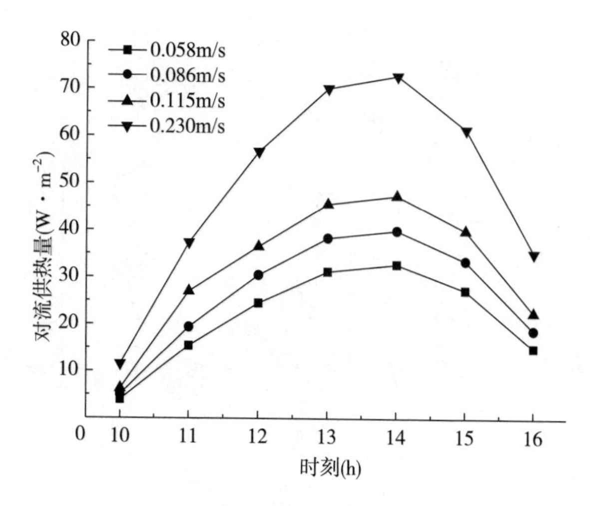


图 4-35　循环风量对对流供热量影响

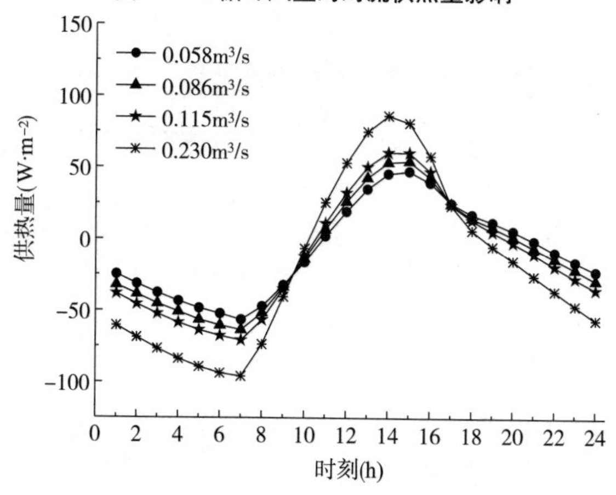


图 4-36　循环风量对总供热量影响

平屋顶从 10:00 开始供热量逐渐增加，至 14:00 对流供热量达到最大，之后逐渐降低。从循环风量对总供热量的影响可以看出，热量随着循环风量的增加而增加，从而增加了夹层空气流速，热量循环更快，增加了昼间总供热量。

循环风量对出风口温度的影响如图 4-37 所示。

根据图 4-37，昼间，随着风机循环风量的增大，集热蓄热屋顶出风口温度逐渐降低。这是由于较大的循环风量会加速空气夹层内空气流速，使得夹层空气与墙体的对流换热不充分，造成出风口温度较低，即大风量，小温差；小风量，大温差的现象。为提高白天供热量，应增大风机风量，但过大的风量会降低出风口温度，形成冷风感。研究表明，平屋顶循环风量不宜高于 0.230$m^3/s$，坡屋顶循环风量可小幅增加，建议风机风量范围为 0.086 ~0.115$m^3/s$。

此外，应结合具体情况，合理控制夹层内循环风量，使供热量在时间上得到最优分配。以拉萨地区为例，对于 45°坡屋顶而言，其集热蓄热作用较佳，使得其在日落后 1.5h 内出口温度依旧高于进口温度。因此，建议 45°坡屋顶开启时间段为日出后 2h 至日落后 1.5h，其余时间关闭。但对于平屋顶，由于太阳辐射接收面法线与太阳高度角差异大，同等条件接受的太阳辐射约为坡屋顶的一半，使得太阳能集热总量大大降低，蓄热量更低。因此，平屋顶在日出后 3h 至日落前 1.5h 之间开启较为合理。

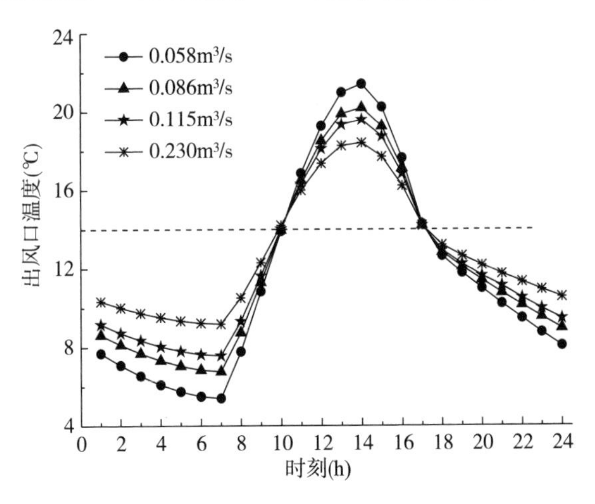


图 4-37　循环风量对出风口温度影响

# 参考文献

[1] 陶文铨. 数值传热学（第二版）. 西安：西安交通大学出版社，2001.

[2] DB54/0016－2007. 西藏自治区居住建筑节能设计标准. 拉萨：西藏人民出版社，2007.

[3] 王登甲，刘艳峰，刘加平，王斌，陈慧玲. 青藏高原地区 Trombe 墙式太阳房供暖性能测试分析. 太阳能学报，2013，34（10）：1823－1828.

[4] 王登甲，刘艳峰，刘加平. 青藏高原被动太阳能建筑供暖性能实验研究. 四川建筑科学 2015，41（2）：269－274.

[5] 刘加平. 被动式太阳房动态模型研究. 西安冶金建筑学院学报，1994，26（4）：343－348.

[6] 王德芳，牛锁平. 附加阳光间式太阳能采暖数学模型及模拟计算程序 PHHS. 甘肃科学学报，1990，2（2）：18－21.

[7] 刘加平，杜高潮. 无辅助热源式被动太阳房热工设计. 西安建筑科技大学学报，1995，27（4）：370－374.

[8] Yanfeng Liu, Dengjia Wang, Chao Ma, Jiaping Liu. A numerical and experimental analysis of the air vent management and heat storage characteristics of a Trombe wall. Solar Energy, 2013, 91: 1－10.

[9] Felix Trombe, Albert Le Phat Vinh. Thousand kW solar furnace, built by the National Center of Scientific Research, in Odeillo (France). Solar Energy, 1973, 15 (1): 57－61.

[10] W. Smolec, A. Thomas. Some aspects of Trombe wall heat transfer models. Energy Conversion and Management, 1991, 32(3): 269－277.

[11] J. D. Baleomb. Evaluating the performance of passive solar heated buildings. Solar Engineering: Proceedings of The ASME Solar Energy Division 5th Annual Conference. Orlando, FL, USA, 1983.

[12] J. D. Balcomb, J. C. Hedstrom, R. D. McFarland. Simulation analysis of passive solar heated buildings Preliminary results. Solar Energy, 1977, 19(3): 277－282.

[13] J. D. Balcomb. Passive solar design handbook. Boulder: American Solar Energy Society, 1983.

# 5 太阳能采暖集热系统

太阳能采暖集热系统的功能是收集太阳辐射并将其转换为热能，为采暖系统提供热量。集热系统设计的关键在于确定合理的集热面积和太阳能采暖保证率。集热面积受太阳辐射强度、建筑物耗热量等因素，而太阳能采暖保证率除了与上述因素有关外，还与建筑可铺设面积以及经济投入等有关。本章通过理论分析和模拟计算确定集热器面积和太阳能采暖保证率的确定方法。

## 5.1 太阳能集热系统

### 5.1.1 系统形式

按太阳能集热器类型可分为液体集热器太阳能采暖集热系统和空气集热器太阳能采暖集热系统。

按系统运行方式可分自然循环和强制循环系统。自然循环系统是仅利用传热工质内部的温度梯度产生的密度差进行循环的太阳能集热系统。强制循环系统是利用机械设备等外部动力迫使传热工质通过集热器（或换热器）进行循环的太阳能集热系统。

按用户热水与集热器内传热工质的关系分为直接和间接系统。直接系统是指在太阳能集热器中直接加热供给用户热水的太阳能集热系统；间接系统是指在太阳能集热器中加热某种传热工质，再使该传热工质通过换热器加热供给用户热水的太阳能集热系统。

按辅助能源加热设备的安装位置可分内置和外置加热系统。

内置加热系统是指辅助能源加热设备安装在太阳能集热系统的贮水箱内；外置加热系统是指辅助能源加热设备安装在太阳能集热系统的贮水箱附近或安装在供热水管路上。

### 5.1.2 集热器面积计算

（1）直接式系统集热器面积的计算公式

$$A_c = \frac{Q_H f_n}{H_s \eta_{cd} (1 - \eta_L)} \tag{5-1}$$

式中 $A_c$——太阳能集热器面积，$m^2$；

$\eta_{cd}$——集热器的平均效率，取值范围为30%～50%，具体根据设备型号确定；

$\eta_L$——蓄热水箱和管路的热损失率,%，可按经验取值估算，短期蓄热太阳能采暖系统取10%～20%，季节性蓄热太阳能采暖系统取10%～15%；

$H_s$——太阳辐照量，$J/m^2$；

$Q_H$——太阳能集热系统供热量，J；

$f_n$——太阳能采暖保证率,%。

计算集热器面积时，对于既定的太阳能集热系统，其供热量、太阳辐照量、集热器效率以及系统损失率均为确定的，而太阳能采暖保证率受到经济条件等因素的制约，不同集热系统取值有所差异，因此，保证率对集热器面积的大小起决定性作用。

（2）间接式系统集热器面积的计算公式

与直接式太阳能集热系统相比，间接式系统中增加了换热设备，集热器面积计算公式为：

$$A_{IN} = A_c \cdot \left(1 + \frac{U_L \cdot A_c}{U_{hx} \cdot A_{hx}}\right) \tag{5-2}$$

式中 $A_{IN}$——间接系统集热器面积，$m^2$；

$U_L$——集热器总热损失系数，W/（$m^2$·K）；

$U_{hx}$——换热器传热系数，W/（$m^2$·K）；

$A_{hx}$——间接系统换热器换热面积，$m^2$。

间接式系统换热器内外需保持一定的换热温差，与直接系统相比，间接式系统的集热器工作温度较高，集热器集热效率有所降低。所以，相同条件下间接系统集热面积要大于直接系统。

从理论公式可见，集热系统供热量 $Q_H$ 和太阳辐照量 $H_s$ 是集热器面积计算的关键。

（3）太阳能集热系统供热量 $Q_H$

太阳能集热系统供热量是系统设备容量选择的依据，其计算时可借鉴节能设计标准中建筑物耗热量的计算方法，室外计算温度采用采暖期室外平均温度，但室内计算温度的选取与建筑物耗热量所采用的室内计算温度存在区别。建筑物耗热量计算时室内温度通常室内温度平均状况，如《严寒和寒冷地区居住建筑节能设计标准》JGJ 26—2010 中规定所有建筑室内温度均统一取 18℃。太阳能集热系统设计应首先满足建筑采暖需求，因此，确定太阳能集热系统供热量时，室内温度选取应参考建筑采暖热负荷计算时室内设计温度的取值方法。

太阳能集热系统供热量可采用稳态和动态两种计算方法，两种方法分别以采暖期室外平均温度和室外逐时温度为计算参数，方法如下。

方法一：室外计算温度取采暖期室外平均温度，太阳能集热系统供热量由围护结构的传热耗热量、空气渗透耗热量和建筑物内部得热量组成，计算公式如下：

$$Q_H = (q_{HT} + q_{INF} - q_{IH}) \times \Delta\tau_h \tag{5-3}$$

式中 $q_{HT}$——通过围护结构的传热耗热量，W；

$q_{INF}$——空气渗透耗热量，W；

$q_{IH}$——建筑物内部得热量（包括照明、电器、炊事和人体散热等），W；

$\Delta\tau_h$——采暖时长，s。

$$q_{HT}=\sum\varepsilon_e KF\ (t_i-t_e) \tag{5-4}$$

式中 $t_i$——采暖室内空气设计温度，℃；

$t_e$——采暖期室外平均温度，℃；

$\varepsilon_e$——围护结构传热系数的修正系数，参照相关的建筑节能设计标准选取；

$K$——围护结构的传热系数，W/（$m^2$·K）；

$F$——围护结构的面积，$m^2$。

$$q_{INF}=c_P\rho_a NV\ (t_i-t_e) \tag{5-5}$$

式中 $c_p$——空气比热容，W·h/（kg·℃）；

$\rho_a$——空气密度，kg/$m^3$；

$N$——换气次数，次/h；

$V$——换气体积，$m^3$/次。

计算太阳能集热系统全天供热量时，考虑到建筑物用途差异，采暖运行模式存在差异，采暖时长 $\Delta\tau_h$ 取值不同，如居民楼等连续采暖建筑应按 24h 来计算，而办公楼等间歇采暖建筑应按一天中的采暖时间进行计算。

当建筑资料、气象条件等不完善时，太阳能集热系统的供热量还可直接采用《严寒和寒冷地区居住建筑节能设计标准》JGJ 26—2010 中各城市建筑耗热量限值进行估算。

方法二：室外选取逐时温度为计算参数时，应建立非稳态条件下房间的热过程模型，通过对模型求解得到太阳能集热系统的逐时供热量，最后对其进行累积获得总供热量。计算公式如下：

$$Q_{\mathrm{H}} = \int_{t_1}^{t_2} q_{\mathrm{h}} \mathrm{d}\tau \tag{5-6}$$

式中 $q_{\mathrm{h}}$——太阳能集热系统的逐时供热量，W。

采用动态算法时，为准确得到采暖期的总供热量，应将逐时供热量对整个采暖期进行积分。

虽然稳态和动态方法对于室外温度的取值不同，但其计算结果都是在室内设计温度条件下的平均耗热量，本质是相同的。

（4）太阳辐照量 $H_{\mathrm{s}}$

太阳辐照量是计算集热器面积的另一重要参数。其取值方法应与太阳能集热系统供热量计算室外计算温度取值方法相互对应。采用稳态方法时，太阳辐照量应取采暖期的日平均值，对于不同安装角度的集热器分别应采用该倾斜面的采暖期平均日辐照量；当缺少采暖期平均日辐照量数据时，可根据《太阳能供热采暖技术规范》GB 50495—2009 中 12 月的月平均日辐照量进行计算。采用动态方法时，应将采光面上的太阳辐照度在整个采暖期内进行累积，得到采暖期的总辐照量。计算公式如下：

$$H = \int_{t_1}^{t_2} h_{\mathrm{s}} \mathrm{d}\tau \tag{5-7}$$

式中 $h_{\mathrm{s}}$——太阳辐照度，$\mathrm{W/m^2}$。

### 5.1.3 实例计算分析

运用上述方法，对西藏地区不同城市不同类型建筑进行模拟计算，得到了太阳辐照量和太阳能集热系统的供热量，并计算获得集热器面积。

（1）研究对象

以 50% 节能标准为依据，将西藏地区昌都、拉萨、林芝三个城市 1 ~5 层的采暖建筑在南向窗墙比分别为 0.35、0.50 和 0.70 的标准住宅楼作为分析对象。根据现行标准规范，取太阳能保证率值为 0.7，集热器集热效率为 0.55，集热器倾斜角为 22.5°。

（2）太阳能集热系统供热量和太阳辐照量

选取冬至日作为典型日，该日太阳辐射照度如图 5–1 所示。对不同城市采暖期典型日的太阳辐照度进行累积，得到典型日的太阳总辐照量，如表 5–1 所示。

**西藏地区典型日太阳总辐照量** **表 5–1**

| 城市 | 昌都 | 林芝 | 拉萨 |
|---|---|---|---|
| 太阳总辐照量（$kW \cdot h/m^2$） | 5.0 | 6.8 | 9.0 |

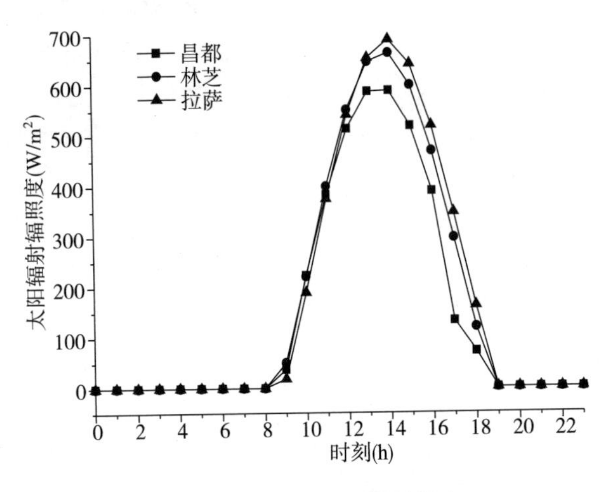


**图 5–1　典型日太阳辐射照度**

利用数值模拟方法得到昌都、林芝、拉萨各城市不同楼层不同窗墙面积比的建筑采暖期总耗热量，如表 5–2 所示。

采暖期建筑总耗热量 表 5-2

| 城市 | 南向窗墙比 | 总供热量(kW·h) | | | | |
|---|---|---|---|---|---|---|
| | | 1层 | 2层 | 3层 | 4层 | 5层 |
| 昌都 | 0.7 | 19688 | 34564 | 48565 | 64753 | 77878 |
| | 0.5 | 21670 | 37391 | 50987 | 65433 | 77755 |
| | 0.35 | 30428 | 53530 | 72125 | 95228 | 109315 |
| 林芝 | 0.7 | 16188 | 26689 | 37189 | 49440 | 59503 |
| | 0.5 | 16571 | 27618 | 37391 | 52687 | 65009 |
| | 0.35 | 23666 | 39443 | 55221 | 77760 | 95228 |
| 拉萨 | 0.7 | 14001 | 21876 | 30626 | 38939 | 49002 |
| | 0.5 | 13597 | 23369 | 31442 | 42064 | 52687 |
| | 0.35 | 19722 | 33809 | 46769 | 61983 | 77196 |

（3）集热器面积计算结果分析

依据典型日太阳辐照量及采暖期总天数得到采暖期太阳总辐照量，结合采暖太阳能集热系统总供热量，进而计算不同城市、不同层数建筑的集热器面积，见表5-3。

集热器面积计算结果汇总 表 5-3

| 城市 | 南向窗墙比 | 集热器面积($m^2$) | | | | |
|---|---|---|---|---|---|---|
| | | 1层 | 2层 | 3层 | 4层 | 5层 |
| 昌都 | 0.7 | 45 | 79 | 111 | 148 | 178 |
| | 0.5 | 51 | 88 | 120 | 154 | 183 |
| | 0.35 | 54 | 95 | 128 | 169 | 194 |
| 林芝 | 0.7 | 37 | 61 | 85 | 113 | 136 |
| | 0.5 | 39 | 65 | 88 | 124 | 153 |
| | 0.35 | 42 | 70 | 98 | 138 | 169 |
| 拉萨 | 0.7 | 32 | 50 | 70 | 89 | 112 |
| | 0.5 | 32 | 55 | 74 | 99 | 124 |
| | 0.35 | 35 | 60 | 83 | 110 | 137 |

由上表可知，在建筑层数相同的条件下，昌都市所需太阳能集热器面积最大，拉萨市最小。原因有，萨拉、林芝地区太阳辐射强于昌都地区，且昌都市采暖期的室外平均温度低，建筑耗热量最大。

建筑总耗热量随着建筑物层数增加而增大，为满足采暖需求，集热器安装面积也随之增大，但实际可铺设面积有限，当建筑物层数过大时，集热系统的供热量将不能满足采暖热需求，例如昌都市五层以上建筑，即使集热器满铺，集热量也满足不了用户采暖需求。

对于西藏等太阳能资源丰富地区，较大的南向窗墙面积比可使外窗太阳辐射得热量大于温差传热失热量。因此，增大建筑南向窗墙面积比，可减少建筑物耗热量，从而减小系统所需的集热器面积。

## 5.2 太阳能采暖保证率

### 5.2.1 保证率计算

太阳能采暖保证率 $f_n$ 是指太阳能供给的热量占系统总热负荷的比例，其值可由式（5－1）计算得出。太阳能采暖保证率是确定所需太阳能集热器总面积的一个关键因素，也是影响太阳能采暖系统经济性能的重要参数。

在太阳能采暖系统中，热负荷由有效太阳能得热量和辅助热量一起承担。$f_n$ 取值范围为 0～1，其值越大，则表明有效太阳能得热量越大，消耗常规商品能源越少，有利于节能和环保。由此可知，$f_n$ 值一般尽可能地取 1。但是实际工程应用中，为了得到更多的有效集热量，系统对集热器效率要求提高，成本会相应增大；或者集热器总铺设面积要求增大，铺设面积会受到场地的限制。因此，一般当太阳能热水系统用于采暖时，在 $f_n$ 取 1 的前提下，来计算所需集热器面积，从而判断可铺设面积可否满足保证率为 1 时的集热面积铺设需求。图 5–2 为集热器面积和太阳能保证率的确定流程。

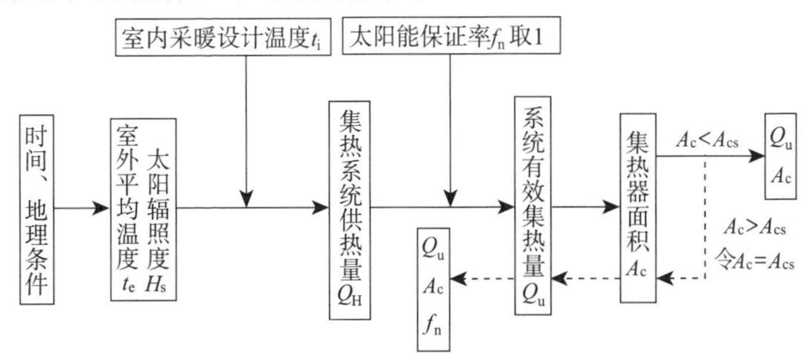


**图 5–2　集热面积、太阳能保证率确定流程图**

如图 5–2 所示，确定集热器面积及太阳能保证率之前，需确定太阳辐照度及室外温度条件，再根据室内温度，即可得到集热系统供热量。假定太阳能保证率为 1，即太阳能有效集热量与集热系统供热量相当，可计算得到集热器面积。对集热器面积大小进行判断，若该计算面积小于建筑实际可铺设面积，则说明实际可铺设面积可以满足太阳能保证率为 1 时的面积要求；若大于实际可铺设面积，则令铺设面积等于实际可铺设面积，计算其有效集热量，从而可得实际太阳能保证率。

### 5.2.2　影响因素分析

太阳能采暖保证率通常受气象条件、采暖建筑层数、窗墙面积比、保温程度等多个因素影响。

（1）气象参数。室外温度及太阳辐照度的差异会带来建筑耗热量及有效得热量的差异，从而影响太阳能保证率。即使两个地区一天的太阳总辐射量相等，但各个小时的辐射量不同，也会导致有效得热量的差异；同理，室外日平均温度相同，但各个小时的温度不同，也会导致建筑耗热量的差异。上述两种情况均会对太阳能保证率造成影响。此外，集热器运行期与所需负荷高峰期是否一致，将影响蓄热量的大小和集热器进口流体温度的变化，从而影响有效得热和太阳能保证率。

（2）建筑对象。建筑层数、窗墙面积比、保温程度直接影响建筑物耗热量大小，从而影响太阳能采暖保证率。当保温程度相同时，随着建筑层数的增高，建筑耗热量随之增大，其太阳能保证率则相应降低；对于太阳能资源丰富地区，增大南向窗墙面积比，可使外窗太阳辐射得热量大于温差传热失热量，有利于提高太阳能采暖保证率；当建筑层数与窗墙面积比相同时，提高建筑保温性能，可有效减少建筑物耗热量，是提高太阳能采暖保证率的有效途径之一。

### 5.2.3 实例计算分析

对于确定的建筑进行分析时，首先应确定典型日建筑的逐时热负荷和有效太阳辐射量，随后对热负荷曲线和有效太阳辐射量曲线进行拟合与积分，得到典型日建筑累计总负荷和太阳总辐射量，通过式（5-1）计算得到太阳能采暖保证率。对比各组合工况下的保证率计算结果，分析气象条件、采暖建筑层数、窗墙面积比、保温程度等参数对太阳能采暖保证率的影响规律。

（1）分析对象

以西北典型多层住宅及拉萨单层传统民居为例进行分析，其中多层住宅层数分别为2层、4层及6层。选取拉萨、西宁、西安三个地区，其典型日干球温度及太阳辐照度如图5-3及图5-4所示。在模拟过程中外窗设置窗帘，其中南向窗帘21:00至次日10:00关闭。以冬至日作为典型日，室内采暖设计温度为18℃。

（2）保证率计算分析

对相同类型建筑在不同地区的采暖负荷，其模拟结果如图5-5所示，拉萨、西安及西宁在现行节能标准下2层建筑的逐时负荷受室外温度平均值影响和太阳辐射变化较大。拉萨地区温度波动剧烈，且太阳辐射量较大，拉萨典型日的总负荷仅为西宁的60%。

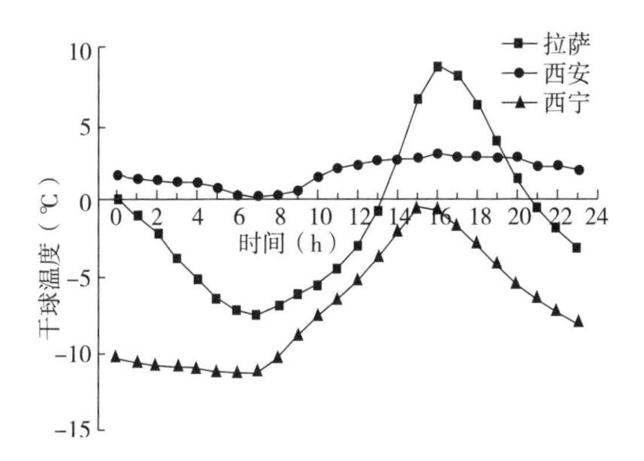


**图 5–3　不同地区典型日干球温度变化**

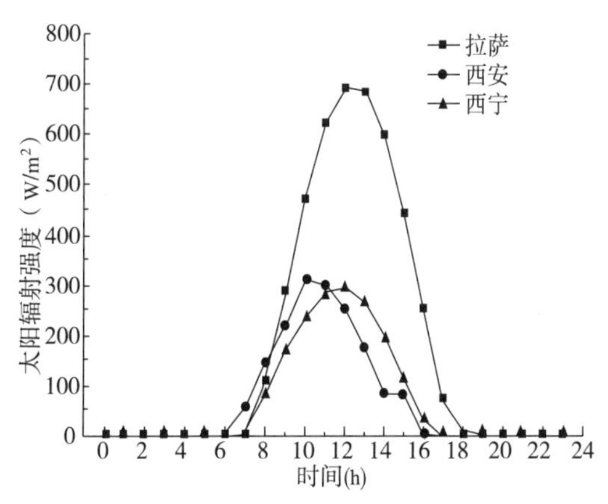


**图 5–4　不同地区典型日太阳辐射变化**

在 50% 和 65% 节能标准要求下，对窗墙面积比分别为 0. 3、0. 35、0. 5、0. 7，建筑层数分别为 2、4、6 层的建筑热负荷分别进行了数值计算；另外，对拉萨传统单层民居有无附加阳光间的情况亦作了相应的分析。图 5–6 ~ 图 5–8 为部分组合条件下建筑热负荷的模拟结果。

如图 5–6 所示，在现行节能标准下，拉萨地区房间耗热量随南向外窗墙面积比的增大而降低。说明在太阳能丰富的地区，增大南向外窗面积，可提高房间太阳能得热量，从而提高太阳能采暖保证率。由于夜间保温窗帘关闭，加之围护结构蓄热量在夜间释放，故此规律在夜间更为明显。

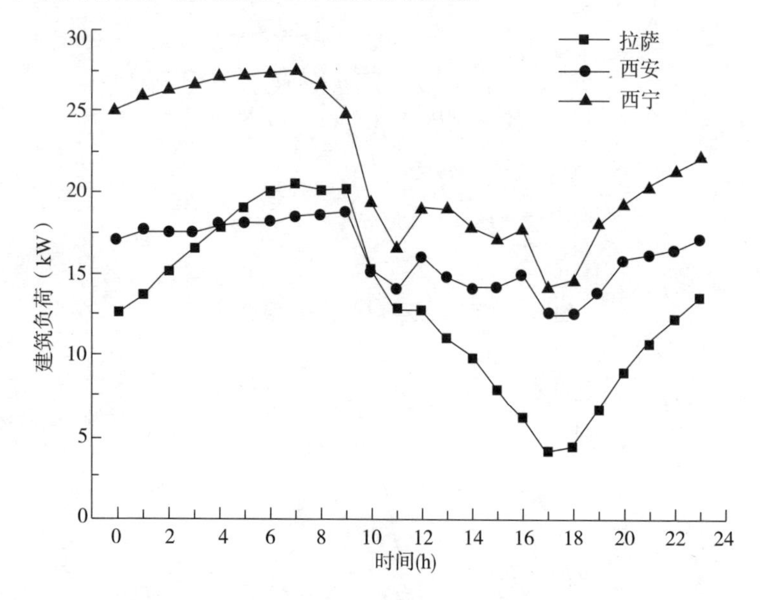


**图 5-5　不同地区 50% 节能标准下 2 层建筑负荷变化**

如图 5-7 所示，南向外窗墙面积比一定时，房间耗热量随着建筑层数增大而降低。主要原因在于：建筑层数越大，单位建筑面积的屋顶和外墙等外围护结构比率越小。

如图 5-8 所示，拉萨无附加阳光间时的标准、自建建筑负荷曲线的积分平均值分别为 3.4、4.4；有附加阳光间时的标准、自建建筑负荷曲线的积分平均值分别为 2.0、3.0。显然，拉萨自建建筑若能按标准规定进行保温，负荷会降低很多。此外，保温效果相同时，有阳光间比无阳光间的负荷更小。

根据上述热负荷计算结果，对太阳能采暖保证率进行计算分析，采暖保证率随各参数的变化规律总结于表 5-4、表 5-5 及表 5-6。

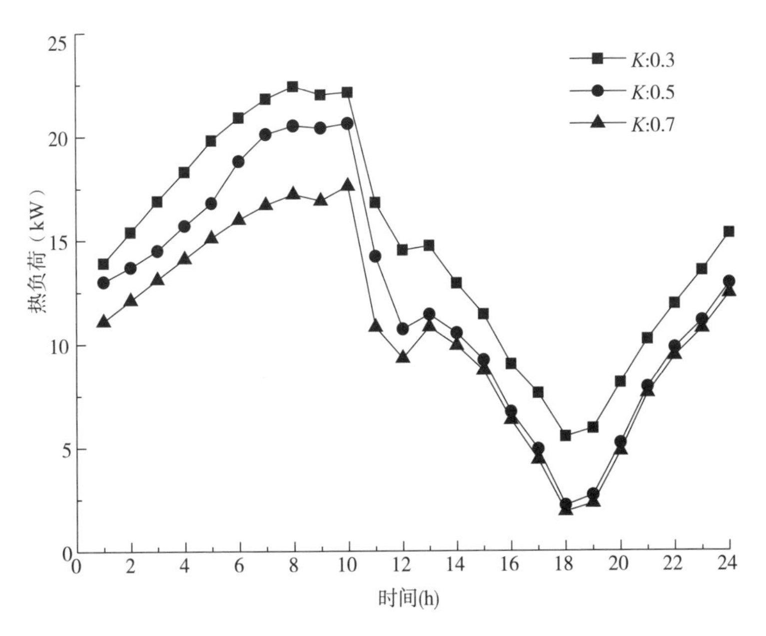


图 5-6 50% 节能条件下窗墙比为 0.3、0.5 及 0.7 的拉萨 2 层建筑负荷变化

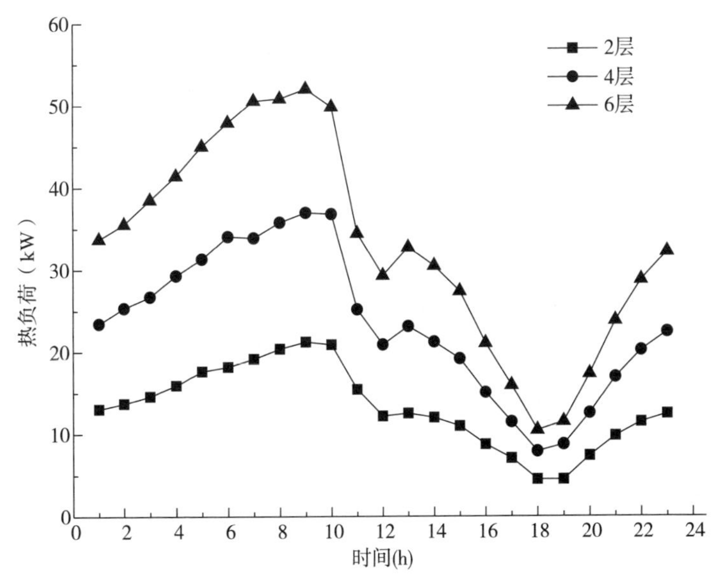


图 5-7 50% 节能条件下窗墙比为 0.5 时的拉萨 2、4 及 6 层建筑负荷变化

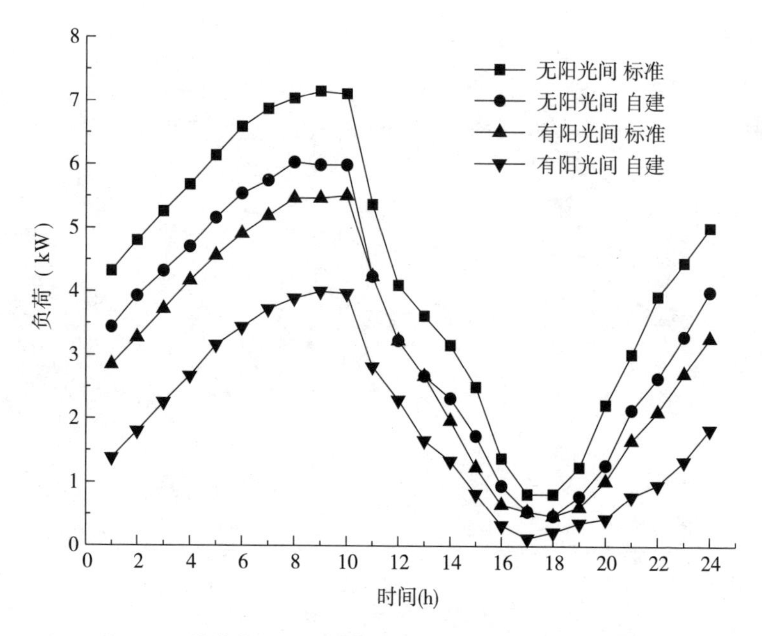


图 5-8　拉萨有无附加阳光间的标准、自建建筑负荷变化

**各地太阳能采暖保证率(南向窗墙面积比为 0.35)**　　**表 5-4**

| 城市 | 50% 节能标准 | | | 65% 节能标准 | | |
|---|---|---|---|---|---|---|
| | 2 层 | 4 层 | 6 层 | 2 层 | 4 层 | 6 层 |
| 拉萨 | 1.32 | 0.73 | 0.50 | 1.70 | 0.91 | 0.64 |
| 西安 | 0.45 | 0.25 | 0.17 | 0.64 | 0.29 | 0.20 |
| 西宁 | 0.32 | 0.17 | 0.11 | 0.36 | 0.19 | 0.13 |

如表 5-4 所示，在相同建筑条件下，拉萨地区太阳能采暖保证率最高，西宁最小。这是因为，拉萨建筑热负荷与西安相差不大，但太阳辐照度明显高于其他两地；而西宁的太阳辐照度与西安接近，但由于当地冬季典型日室外气温低，故西宁热负荷较大。在同一地区，层数越高外围护结构面积越大，单位建筑面积所分摊的屋顶集热面积就越小，因此太阳能采暖保证率就越低。而随着建筑保温要求提高，其热负荷降低，太阳能采暖保证率就越高。

拉萨不同窗墙面积比下太阳能采暖保证率　表 5-5

| 楼层 | 50% 节能标准 | | | 65% 节能要求 | | |
|---|---|---|---|---|---|---|
| | 0.3 | 0.5 | 0.7 | 0.3 | 0.5 | 0.7 |
| 2 层 | 1.29 | 1.43 | 1.55 | 1.68 | 1.71 | 1.91 |
| 4 层 | 0.73 | 0.81 | 0.85 | 0.92 | 0.95 | 1.04 |
| 6 层 | 0.50 | 0.56 | 0.59 | 0.63 | 0.66 | 0.71 |

如表 5-5 所示，随着南向窗墙面积比增大，拉萨多层居住建筑太阳能采暖保证率提高，主要原因是外窗太阳能得热量增加，降低了建筑热负荷。因此，对于太阳能采暖建筑，突破现行节能标准中窗墙面积比的限值 0.35，增加南向窗面积，并配合窗帘管理，有利于提高太阳能采暖保证率。

拉萨地区有无阳光间民居建筑参数规律　表 5-6

| 建筑类型 | | 热负荷(kW) | $f_n$ | 实铺面积($m^2$) | $s$ |
|---|---|---|---|---|---|
| 无阳光间 | 自建 | 98.05 | 1.61 | 47 | 0.59 |
| | 节能标准 | 77.85 | 2.03 | 37 | 0.34 |
| 有阳光间 | 自建 | 68.25 | 2.31 | 32 | 0.41 |
| | 节能标准 | 44.33 | 3.56 | 21 | 0.26 |

注：$s$ 为实际铺设集热器面积占可铺设屋顶面积的比例。

如表 5-6 所示，对于不同组合形式下的民居建筑，太阳能保证率均可达到 100%。无阳光间时自建、节能标准建筑实际铺设集热器面积占可铺设屋顶面积的比例分别为 59%、34%；有阳光间时分别为 41%、26%。

若设置阳光间，集热器面积仅需占有效屋顶面积的 41% 左右即可满足采暖负荷要求；若能同时考虑按现行节能标准进行保温，则相应集热器面积为有效屋顶面积的 26% 左右即可满足采暖负荷要求。

通过分析可得出以下结论：在同等条件下的居住建筑，各地的太阳辐照度决定地区间太阳能采暖保证率的差别。太阳辐照度最大的是拉萨，其太阳能采暖保证率在西安、西宁、拉萨三地中最高；当保温要求和南向窗墙面积比一定时，太阳能采暖保证率随楼层减少而升高。因此低层建筑更适宜采用太阳能采暖；当保温要求和楼层数一定时，太阳能采暖保证率随南向窗墙比增大而提高。增加南向窗面积，并配合窗帘管理，有利于提高太阳能采暖保证率；拉萨地区单层传统民居的屋顶面积完全可满足太阳能采暖保证率达到100%的铺设要求。若采取一定的保温措施，并设置阳光间时，可显著降低主动太阳能采暖集热器面积。

## 参考文献

[1] 罗运俊. 太阳能利用技术. 北京：化学工业出版社，2005.

[2] 中国气象局气象信息中心气象资料室，清华大学建筑技术科学系. 中国建筑热环境分析专用气象数据集. 北京：中国建筑工业出版社，2005.

[3] JGJ 26—2010. 严寒和寒冷地区居住建筑节能设计标准. 北京：中国建筑工业出版社，2010.

[4] DB 54/0015—2007. 西藏自治区民用建筑采暖设计标准. 西藏：西藏人民出版社，2007.

[5] 邢艳艳，刘艳峰，易赛兰. 拉萨市民用建筑采暖热源经济性分析. 节能技术，2008，26（1）：41－44.

[6] 刘艳峰，申志妍. 拉萨多层住宅太阳能热水采暖设计初探. 建筑节能，2008，11（36）：1－3.

[7] 刘艳峰，鱼亚丽，孔丹. 西北地区居住建筑太阳能采暖保证率. 西安建筑科技大学学报（自然科学版），2011，43（2）：272－276.

[8] W. A. Beckman，S. A. Klein，J. A. Duffie. The solar heating design，by the f-chart method. America：John Wiley & Sons，1997.

# 6 太阳能采暖蓄热系统设计

太阳辐射具有周期性和随机性特点，而建筑采暖热负荷具有昼间小、夜间大的特征，两者不同步导致太阳能集热量与供暖需求间存在矛盾。在太阳能采暖系统中设置热量蓄调装置是解决此问题的有效方法，其中利用蓄热水箱对热量进行蓄调是太阳能采暖系统中一种简便易行的蓄热技术。太阳能采暖蓄热水箱容积确定方法、水箱温度分层特性是蓄热系统设计和运行调节的依据。

## 6.1 蓄热系统形式

按蓄热周期不同太阳能蓄热可分为短期和季节蓄热两种。太阳能短期蓄热循环时间较短，通常以一天为周期，蓄热容积较小，目前小型太阳热水器及太阳能采暖系统多采用此类形式。与之相对的为季节蓄热，其蓄热容积较大，蓄放热循环时间较长，一般以年为周期，季节蓄热多以蓄热性能较好的土壤和岩石为蓄热体。

按蓄热温度太阳能蓄热可分为高温和低温蓄热。高温蓄热一般指蓄热温度高于 60℃，可直接用于供热、多采用集热效率较高的太阳能集热器。蓄热温度低于 60℃为低温蓄热，由于蓄热温度低，大多需要在蓄热装置和用户之间设置辅助加热装置以提高温度。

在主动式太阳能采暖系统中，蓄热水箱是用于存储太阳能富裕集热量的装置，要求外表面传热损失小。其形状通常为圆柱体或长方体，工作示意如图 6-1 所示。

假定太阳能集热器有效集热量为 $Q_u$，建筑热负荷为 $Q_l$。昼间，房间热负荷较小，当集热量大于热负荷时（$Q_u > Q_l$），蓄热

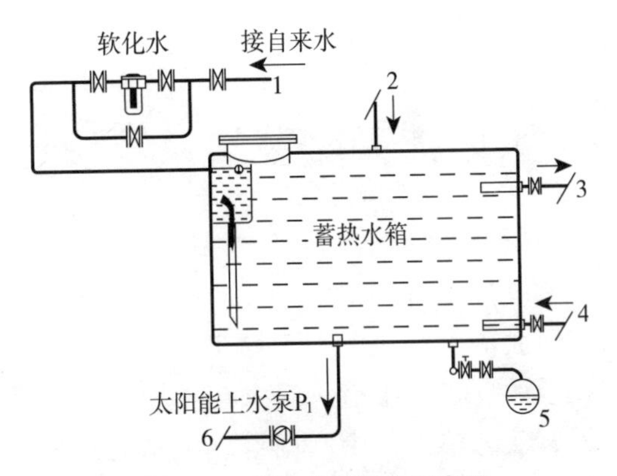


图 6-1　蓄热水箱工作示意图

1—自来水管　2—太阳能集热器出水管　3—用户供水管
4—用户回水管　5—泄水管　6—太阳能上水管

水箱可将多余的热量存储起来，以便夜间热负荷大于集热量时（$Q_u < Q_l$）使用，热量不足可由辅助加热系统补充。

太阳能集热器出水管大多连接在蓄热水箱顶部，自来水补水管经导管流入水箱底部，采暖供水管根据需要设置在水箱的某温度层，采暖回水管通常设置于水箱偏下部。

## 6.2　蓄热系统动态热平衡

### 6.2.1　蓄热量

蓄热水箱蓄热量和太阳能集热量、用户负荷、辅助加热量及系统损失之间关系如图 6-2 所示。

其热平衡表达式为：

$$Q_u(\tau) + Q_f(\tau) = Q_l(\tau) + Q_s(\tau) + Q_e(\tau) \qquad (6-1)$$

式中　$Q_u(\tau)$ ——有效太阳能集热量，W；

$Q_f(\tau)$ ——辅助加热量，W；

$Q_l(\tau)$ ——建筑热负荷，W；

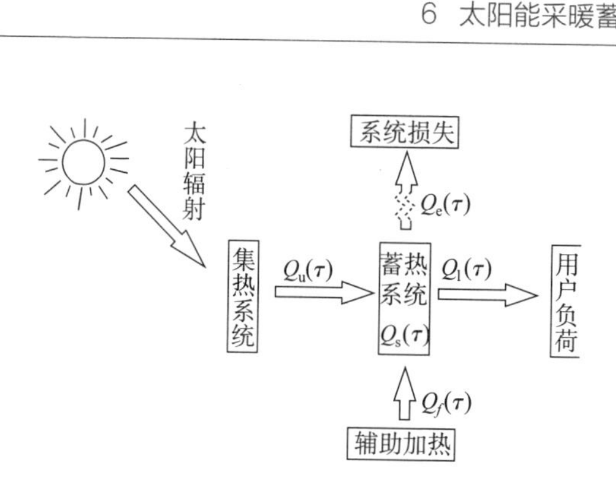


**图 6-2 蓄热系统热量平衡图**

$Q_s(\tau)$——蓄热水箱蓄热量，W；

$Q_e(\tau)$——系统损失，W。

在太阳能采暖系统中，充分利用太阳能热能，尽量减少辅助热源使用。当太阳能集热器有效集热量可满足建筑供热量需求，即无辅助加热时，式（6-1）可改写为：

$$Q_u(\tau)=Q_l(\tau)+Q_s(\tau)+Q_e(\tau) \tag{6-2}$$

展开上式为：

$$Q_u(\tau)=Q_l(\tau)+(M_p c_w)_s\frac{\partial T_s}{\partial t}+(UA)_s[T_s(\tau)-T_b(\tau)] \tag{6-3}$$

式中 $T_s(\tau)$——蓄热水箱蓄热温度，℃；

$T_b(\tau)$——蓄热水箱所处环境温度，℃；

$c_w$——水的比热容，J/（kg·K）。

蓄热水箱的瞬时蓄热量为：

$$(M_p c_w)_s\frac{\partial T_s}{\partial t}=Q_u(\tau)-Q_l(\tau)-(UA)_s[T_s(\tau)-T_b(\tau)] \tag{6-4}$$

由式（6-4）可得，系统的瞬时蓄热量由太阳能集热器有效集热量、建筑热负荷及系统损失热量决定。

### 6.2.2 蓄热温度

当系统蓄热量确定时，蓄热温度越高，采暖系统所需蓄热水箱容积越小，蓄热系统热损失越大；反之，蓄热温度越低，采暖系统所需蓄热水箱容积越大。可见，蓄热温度直接影响蓄热水箱容积。

太阳能集热器有效热量亦可由集热器性能方程表示为：

$$Q_u(\tau) = A_c F_R \{S' - U_L [T_f(\tau) - T_w(\tau)]\} \tag{6-5}$$

式中 $A_c$——集热器面积，$m^2$；

$F_R$——热迁移因子，即实际换热量与最大可能换热量之比；

$S'$——集热器吸收的太阳辐照度，$W/m^2$；

$U_L$——集热器热损失系数，$W/(m^2 \cdot K)$；

$T_f(\tau)$、$T_w(\tau)$——进入集热器流体温度、室外空气温度。

采暖建筑逐时负荷由室外气象及围护结构热工条件决定。为保证室内温度恒定，采暖系统供热量需近似等于建筑热负荷。

$$Q_l(\tau) = (M_p c_w)_L [T_g(\tau) - T_h(\tau)] \tag{6-6}$$

式中 $M_p$——系统水流量，kg/s；

$T_g(\tau)$、$T_h(\tau)$——采暖系统供、回水温度，℃。

式（6-2）可写为：

$$A_c F_R \{S - U_L [T_f(\tau) - T_\infty(\tau)]\} = (M_p c_w)_L [T_g(\tau) - T_h(\tau)] + (M_p c_w)_s \frac{\partial T_s}{\partial t} + (UA)_s [T_s(\tau) - T_b(\tau)] \tag{6-7}$$

此时，蓄热水箱温度是指蓄热水箱平均温度，是随时间变化的函数，则上式亦可表述为：

$$\frac{\mathrm{d}T_{S}}{\mathrm{d}t}=\frac{A_{c}F_{R}}{(M_{p}c_{w})_{s}}\{S-U_{L}[T_{f}(\tau)-T_{\infty}(\tau)]\}-\frac{(M_{p}c_{w})_{L}}{(M_{p}c_{w})_{s}}[T_{g}(\tau)-T_{h}(\tau)]-\left(\frac{UA}{M_{p}c_{w}}\right)_{s}[T_{s}(\tau)-T_{b}(\tau)] \quad (6-8)$$

对上式以差分形式进行简化：

$$T_{s}^{+}=T_{s}^{-}+\frac{\Delta\tau}{(M_{p}c_{w})_{s}}\{Q_{u}(\tau)-Q_{l}(\tau)-Q_{e}(\tau)\} \quad (6-9)$$

式中　$\Delta\tau$——时间间隔，h；

$T_{s}^{-}$、$T_{s}^{+}$——该时间间隔内初始、终了温度，℃。

### 6.2.3　辅助加热设计

太阳能集热器有效集热量通常难以完全满足建筑热负荷的需求，尤其夜间及阴雨天，需增加辅助加热系统。当短期蓄热时，可认为全天蓄热总量为零。对全天辅助加热系统的加热量及运行时间进行分析，辅助加热量应等于建筑热负荷、系统损失与太阳能有效集热量的差值，即有效集热量不能满足建筑热负荷与系统损失的部分，可表示为：

$$Q_{e}=\int_{0}^{T}Q_{l}(\tau)\,\mathrm{d}t+\int_{0}^{T}(UA)_{s}(T_{s}(\tau)-T_{b}(\tau))\,\mathrm{d}t-\int_{0}^{T}Q_{u}(\tau)\,\mathrm{d}t \quad (6-10)$$

式中　$T$——一个周期时间，h。

一般系统损失可按照建筑热负荷的一定比例$\chi$计取。辅助加热量可表示为：

$$Q_{f}(\tau)=(1+\chi)\int_{0}^{T}Q_{l}(\tau)\,\mathrm{d}t-\int_{0}^{T}Q_{u}(\tau)\,\mathrm{d}t \quad (6-11)$$

当辅助加热装置的功率为 $q_e$，则需加热小时数为：

$$t_e = \frac{Q_e}{q_e} \tag{6-12}$$

辅助加热主要有电加热、燃气壁挂炉、各类热泵、市政供暖等类型，可采用自动启动调节、定时启动调节、按需手动调节等运行方式，具体形式和运行方式应结合当地的资源情况、气候条件、经济适应性及操作条件等因素综合决定。

## 6.3 蓄热系统设计参数

### 6.3.1 蓄热水箱容积确定

主动式太阳能采暖蓄热水箱容积由采暖系统所需的最大蓄热量以及蓄热温差决定，系统所需最大蓄热量由太阳能集热器有效集热量及建筑热负荷波动规律决定。对集热器有效太阳能集热量大于采暖建筑热负荷的时段进行积分，可得最大蓄热量为：

$$Q_s = \int_{t_1}^{t_2} [Q_u(\tau) - Q_l(\tau)]\mathrm{d}t \tag{6-13}$$

又可表达为：

$$Q_s = (\rho_w V_s c_w)_s (\bar{T}_s - T_g) \tag{6-14}$$

则蓄热水箱容积为：

$$V_s = \frac{\int_{t_1}^{t_2} [Q_u(\tau) - Q_l(\tau)]\mathrm{d}t}{(\rho_w c_w)_s (\bar{T}_s - T_g)} \tag{6-15}$$

式中 $Q_l(\tau)$ ——采暖建筑热负荷，W；

$V_s$——蓄热水箱容积，$m^3$；

$\overline{T}_s$——水箱平均水温,℃；

$T_g$——采暖系统供水温度,℃；

$\rho_w$——水的密度，$kg/m^3$。

集热器有效太阳能集热量可表示：

$$Q_u(\tau) = I(\tau) A_c \eta_{cd} \tag{6-16}$$

式中 $I(\tau)$ ——太阳瞬时辐射强度，$W/m^2$；

$A_c$——集热器面积，$m^2$；

$\eta_{cd}$——采暖期集热器平均效率，根据经验值取0.4～0.5。

可得集热器面积：

$$A_c = \frac{Q_l f_n}{I_\theta \eta_{cd}(1-\eta_L)} \tag{6-17}$$

式中 $f_n$——采暖太阳能保证率,%；

$\eta_L$——蓄热水箱和管路的热损失率，取值为0.2～0.3。

$Q_l(\tau)$ 由室外气象条件及围护结构热工条件来决定，亦可通过数值模拟得到。系统供热量等于建筑热负荷时，室内温度恒定：

$$Q_l(\tau) = C_w M_p \Delta t_a \tag{6-18}$$

式中 $\Delta t_a$——采暖系统供、回水温差,℃；

定义 $S$ 为单位面积集热器所需蓄热水箱容积，$m^3/m^2$，则：

$$S = \frac{V_s}{A_c} \tag{6-19}$$

选取拉萨、西宁、银川、西安4个典型城市进行实例分析。

根据《中国建筑热环境分析专用气象数据集》中数据资料，获得各城市典型日太阳辐射强度如图 6-3 所示，可以看出拉萨太阳辐射强度波动幅度最大，西安最小，西宁与银川波动幅度相近。

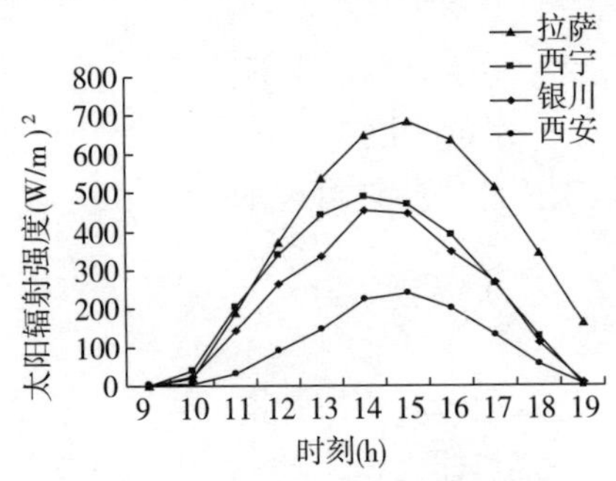


**图 6-3　各城市典型日太阳辐射强度**

单位集热器面积所需蓄热水箱容积还与建筑热负荷波动规律密切相关。在各地常用的建筑热工条件下，对建筑热负荷进行模拟计算，获得典型日建筑热负荷日变化规律如图 6-4 所示。

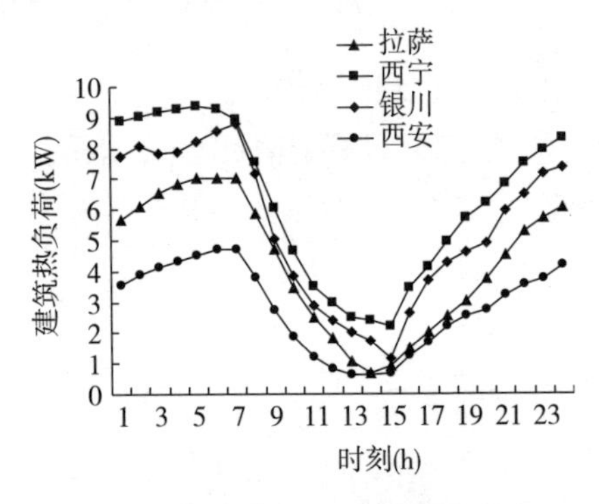


**图 6-4　各城市典型日建筑热负荷**

由图 6-4 可见，建筑热负荷在 7:00 左右达到最大值，15:00 左右最小。西宁、银川室内外日温差大，拉萨、西安室内外日温差相对较小，西宁与银川的建筑热负荷波动幅度接近，均大于拉萨与西安的建筑热负荷。

结合理论分析与数值模拟结果，计算得出不同蓄热水箱平均温度及采暖供水温度下，单位集热面积所需蓄热水箱容积变化规律，如图6-5～图6-8所示。

相同蓄热温差下，蓄热水箱容积按拉萨、银川、西宁、西安顺序依次减小，拉萨太阳辐射强度波动幅度最大，建筑热负荷波动幅度较小，系统所需蓄热量大，因此蓄热水箱容积大；西安太阳辐射强度与建筑负荷波动幅度较小，系统所需蓄热量小，因此蓄热水箱容积小，西宁与银川居中。

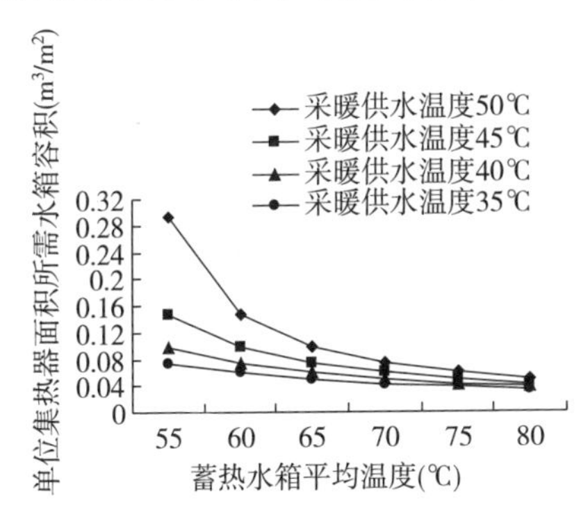


**图6-5 拉萨集热器面积与水箱容积关系**

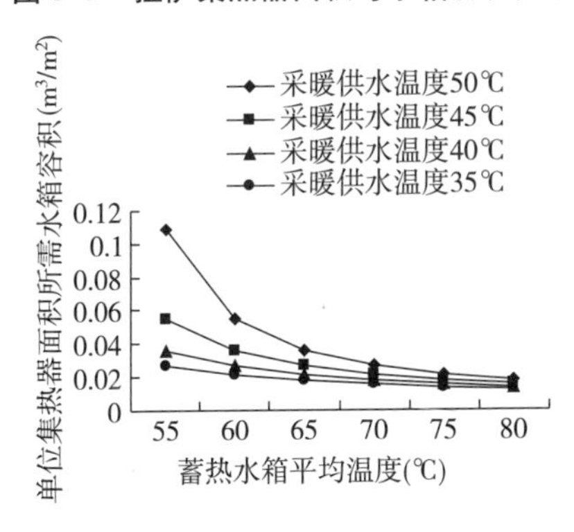


**图6-6 西宁集热器面积与水箱容积关系**

由图6-5～图6-8可得，单位集热器面积所需蓄热水箱容积随着蓄热温差的增大而减小。当水箱平均温度接近80℃时，

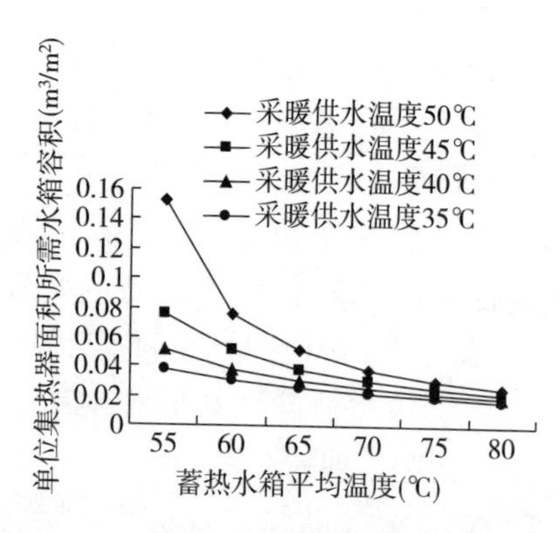


**图 6-7　银川集热器面积与水箱容积关系**

不同采暖供水温度下的单位集热器面积所需蓄热水箱容积接近，并达到最小值，据此，给出单位集热器面积所需蓄热水箱容积的推荐值，如表 6-1 所示。当蓄热温差为 5℃时，单位集热器面积所需蓄热水箱容积达到最大值，随着蓄热温差的减少，水箱容积变大，经济性降低。据此，给出单位集热器面积所需蓄热水箱容积最大值，如表 6-1 所示。

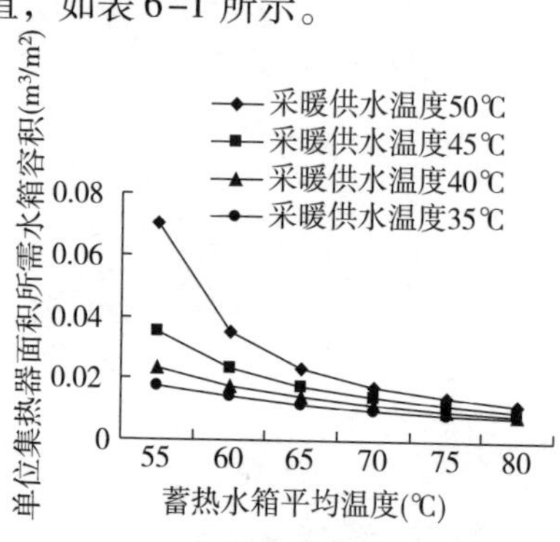


**图 6-8　西安集热器面积与水箱容积关系**

**单位集热面积所需蓄热水箱容积推荐值　　表 6-1**

| 城市 | 最大值 | 最小值 | 推荐值 |
|---|---|---|---|
| 拉萨 | 0.30 | 0.03 | 0.10～0.15 |
| 西宁 | 0.11 | 0.02 | 0.04～0.06 |
| 银川 | 0.15 | 0.02 | 0.05～0.08 |
| 西安 | 0.07 | 0.01 | 0.03～0.04 |

以上分析考虑的是典型日内的热量蓄调，对整个采暖期而言，蓄热水箱容积不仅要考虑日内蓄调，还需考虑日间热量蓄调以及阴雨天出现概率，所需蓄热水箱容积应大于推荐值。

### 6.3.2 蓄热水箱热分层

蓄热水箱内部由于热对流作用，水箱温度分布不仅是时间的函数，也在空间上存在差异，可表示成时间与空间的函数：

$$T_s = T_s\ (x,\ y,\ z,\ \tau) \tag{6-20}$$

水在不同温度下密度不同，水温在蓄热水箱垂直方向上是变化的，水箱下部温度较低，顶部温度较高，建立蓄热水箱在垂直方向上的分层数学模型为：

$$T_s = T_s\ (x,\ \tau) \tag{6-21}$$

为准确模拟出水箱的实际工作状况，将水箱分为 $N$ 段（即 $N$ 个节点）。对各段可分别列能量平衡方程，得到 $N$ 个微分方程。解此方程组可求随时间变化的 $N$ 个节点温度。

采用 $N$ 节点分层建立模型，将水箱在竖直方向分为 $N$ 个层，每层为一个节点，每个节点内完全混合且只有一个温度，不同的节点温度不同。集热器出水进入对应节的集热器控制函数 $F_i^c$ 定义如下：

$$F_i^c = \begin{cases} 1,\ 若\ i=1\ 且\ T_{c,0} > T_{s,1} \\ 1,\ 若\ T_{s,i-1} \geqslant T_{c,0} > T_{s,i} \\ 0,\ 其他情况 \end{cases} \tag{6-22}$$

上式 $F_i^c$ 为 1 或 0，运行只有一种情况即为 1。为控制不同温度的集热器出水进入对应节水箱的函数，假如温度大于第四节水温，而小于第三节，则集热器出水进入第四节，当集热器出水温度小于或等于水箱最低层温度，则水箱停止运行。

用户负荷回水，进入水箱层，类似的由负荷控制函数 $F_i^{\mathrm{L}}$ 控制，运行也只有一种为非零函数的情况。

$$F_i^{\mathrm{L}}=\begin{cases}1, & 若\ T_{\mathrm{s},i-1}\geqslant T_{\mathrm{L,r}}>T_{\mathrm{s},i}\\ 1, & 若\ i=N\ 且\ T_{\mathrm{L,r}}>T_{\mathrm{s},N}\\ 0, & 其他情况\end{cases}\tag{6-23}$$

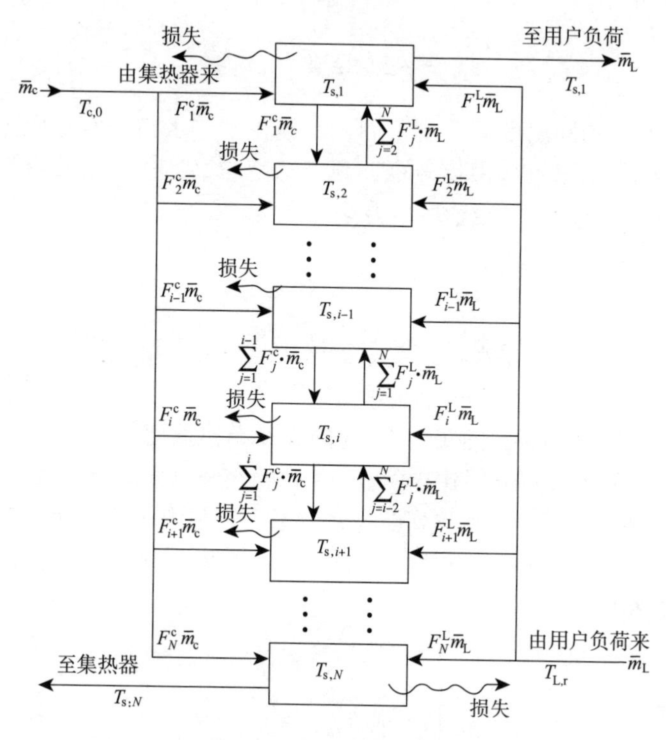


**图 6-9　N 节点分层水箱**

计算蓄热水箱某一层水温变化时，需对水箱中两节点之间垂直方向交换的净流量做计算，取决于集热器和负荷的质量流率及该瞬时两个控制函数（$F_i^{\mathrm{c}}$ 和 $F_i^{\mathrm{L}}$）的值。由第 $i-1$ 个节点

进入第 $i$ 个节点的净流量可用掺混流量 $\dot{m}_{m,i}$ 来表示，它只考虑垂直方向的交换，不考虑由集热器或用户负荷直接进入节点的流量。

$$\dot{m}_{m,1}=0$$

$$\dot{m}_{m,i}=\dot{m}_{c}\sum_{j=1}^{i-1}F_{j}^{c}-\dot{m}_{L}\sum_{j=i}^{N}F_{j}^{L} \qquad (6-24)$$

$$\dot{m}_{m,N+1}=0$$

由上述掺混流量及控制函数方程，可得节点 $i$ 的能量平衡方程：

$$\dot{m}_{i}C_{\rho}^{s}\frac{dT_{s,i}}{d\tau}=F_{i}^{c}\dot{m}_{c}C_{\rho}^{c}\ (T_{c,0}-T_{s,i})\ -F_{i}^{L}\dot{m}_{L}C_{\rho}^{L}\ (T_{s,i}-T_{L,r})\ -$$

$$(UA)_{i}\ (T_{s,i}-T_{b})\ +\begin{cases}\dot{m}_{m,i}C_{p}^{s}\ (T_{s,i-1}-T_{s,i}),\ 若\ \dot{m}_{m,i}>0\\ \dot{m}_{m,i+1}\ (T_{s,i}-T_{s,i+1}),\ 若\ \dot{m}_{m,i+1}>0\end{cases} \qquad (6-25)$$

计算时，可认为水进入与其水温相当的水箱层内，式中 $C_{\rho}^{s}=C_{\rho}^{c}=C_{\rho}^{L}=C_{\rho}$。

$$\dot{m}_{i}\frac{dT_{s,i}}{d\tau}=F_{i}^{c}\dot{m}_{c}\ (T_{c,0}-T_{s,i})\ -F_{i}^{L}\dot{m}_{L}\ (T_{s,i}-T_{L,r})\ -\ (\frac{UA}{C_{\rho}})_{i}$$

$$(T_{s,i}-T_{b})\ +\begin{cases}\dot{m}_{m,i}\ (T_{s,i-1}-T_{s,i}),\ 若\ \dot{m}_{m,i}>0\\ \dot{m}_{m,i+1}\ (T_{s,i}-T_{s,i+1}),\ 若\ \dot{m}_{m,i+1}>0\end{cases} \qquad (6-26)$$

上式中，等号右边第一项表示集热器提供的能量；第二项表示负荷提取的能量；第三项表示节点对周围环境的热损失；第四项上公式表示上一节点与该节点掺混而净交换的能量，下公式表示下节点与该节点掺混而净交换的能量。除了每个节点都有损失项外，其余各项的大小由控制函数决定。若蓄热水箱某段内有辅助加热装置，则应将其加到该节点的能量平衡方程中。

对每个节点均可列如式（6-26）的微分方程组，解此方程组便可得蓄热水箱温度分层的变化规律，对水箱内温度分层进行数值模拟计算。所模拟水箱为圆柱体，高2m，半径1m，集热器出水管距水箱顶部0.15m，集热器回水管和采暖回水管距水箱底部0.15m，采暖供水管距水箱顶部0.2m，半径0.03m。

蓄热水箱内温度分层分为四种工况，在同一进口温度不同流速的情况下进行数值模拟以及相同流速不同进口温度情况下进行模拟，得到不同工况下蓄热水箱中轴面（$Z=0$ 平面）的温度分层图，模拟工况如表6-2所示。

蓄热水箱模拟工程表　　表6-2

| 工况 | 热水进口温度(℃) | 冷水进口温度(℃) | 流速(m/s) |
|---|---|---|---|
| 工况一 | 70 | 35 | 0.01 |
| 工况二 | 70 | 35 | 0.05 |
| 工况三 | 70 | 35 | 0.30 |
| 工况四 | 60 | 35 | 0.30 |

各工况下的蓄热水箱温度分布如图6-10～图6-13所示：

由图6-10～图6-13可知，蓄热水箱进水管流速越小温度分层越明显，热利用率越高，采暖系统效率也相应提高。流速过大，会导致热水进口管与用户取水点短路，水箱内混合损失增大，不利于蓄热水箱的热存储。流速为0.01m/s时，温度分层已经相当明显，流速小于0.01m/s，温度分层将不再有明显的变化，建议进水管最佳流速在0.01～0.05m/s之间，一般通过在进入水箱管端处设置渐扩管来控制流速。进口温度为60℃，流速为0.3m/s时，采暖供水管温度在48～49℃之间，能满足地板辐射采暖供水温度要求。一般情况下，采暖供水管应根据采暖用户供水温度的要求而定，如图中所示温度，可将管段设置在要求温度范围对应的水箱高度处。

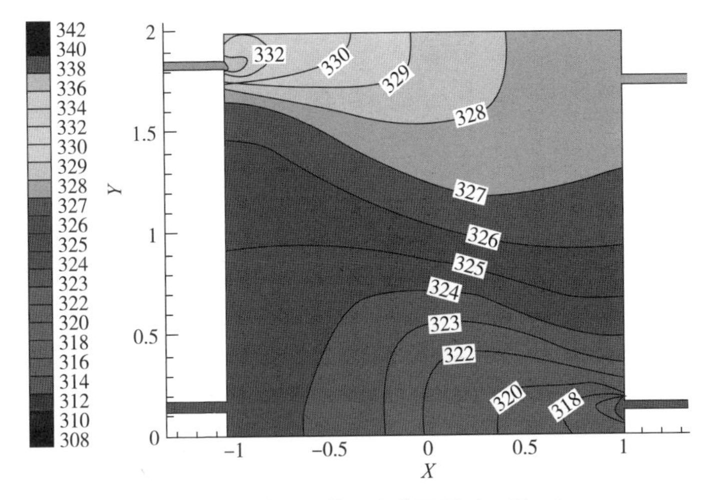


图 6-10　蓄热水箱温度分层图（工况一）

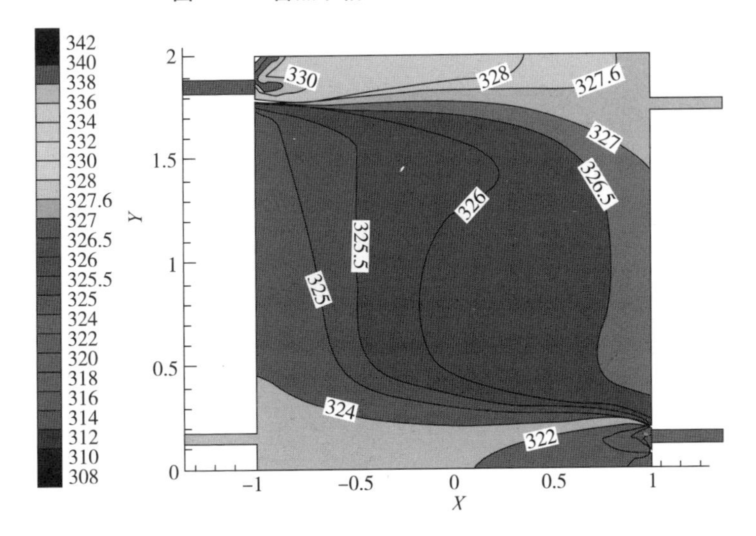


图 6-11　蓄热水箱温度分层图（工况二）

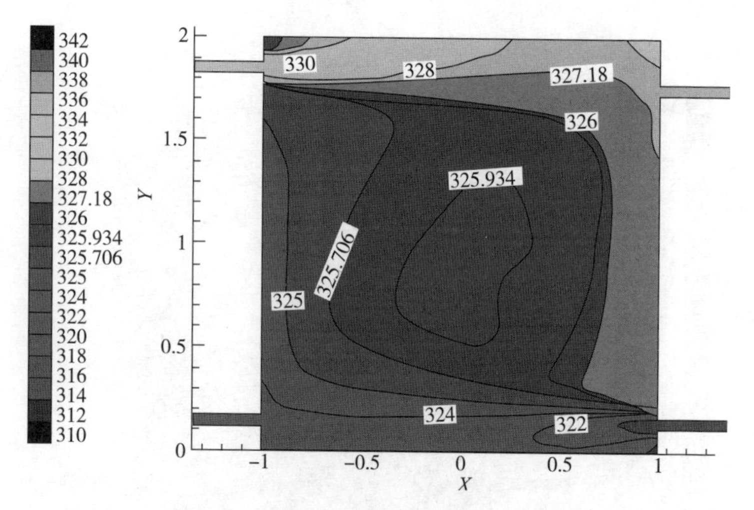


图 6-12　蓄热水箱温度分层图（工况三）

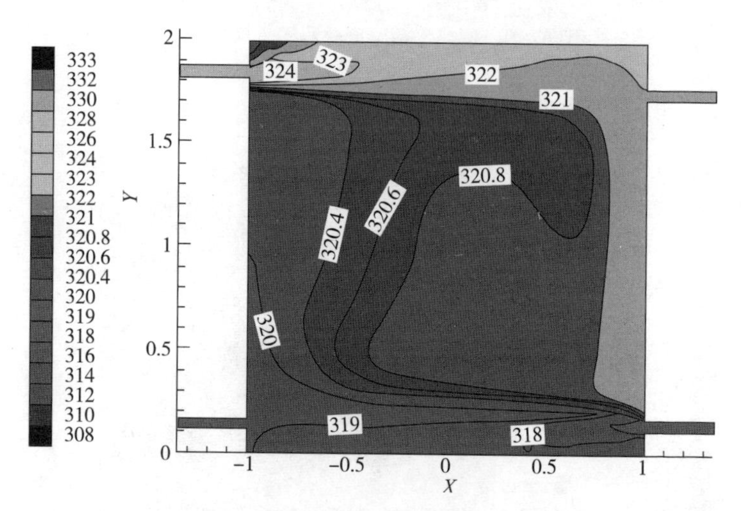


图 6-13　蓄热水箱温度分层图（工况四）

# 参考文献


[1] 张鹤飞. 太阳能热利用原理与计算机模拟（第二版）. 西安：西北工业大学出版社，2004.

[2] GB 50364—2005. 民用建筑太阳能热水系统应用技术规程. 北京：中国建筑工业出版社，2005.

[3] 刘艳峰，王登甲. 太阳能地面采暖系统蓄热水箱容积分析. 太阳能学报，2009，30（12）：1636－1639.

[4] 王登甲，刘艳峰. 太阳能热水采暖蓄热水箱温度分层分析. 建筑热能通风空调，2010，29（1）：16－19.

[5] Simon Furbo, Elsa Andersen, Alexander ect. Performance improvement by discharge from different levels in solar storage tanks. Solar Energy, 2005（9）: 431－439.

[6] Arefeh Hesaraki, Armin Halilovic, Sture Holmberg. Low-temperature heat emission combined with seasonal thermal storage and heat pump. Solar Energy, 2015（119）: 122－133.

[7] N. D. Kaushika, K. S. Reddy. Thermal design and field experiment of transparent honeycomb insulated integrated-collector-storage solar water heater. Applied Thermal Engineering, 1999（19）: 145－161.

# 7　太阳能采暖末端

太阳能采暖系统根据热媒性质不同分为热风采暖和热水采暖两种，末端形式包括散热器、地面辐射盘管、风机盘管等。受太阳能热源热媒参数影响，低温热水地面辐射采暖成为较常用的太阳能采暖末端形式。辐射盘管采暖地面传热特性及其与太阳能建筑负荷的优化匹配关系是太阳能采暖末端运行设计的关键。

## 7.1　太阳能采暖负荷计算方法

### 7.1.1　传递函数法

将室外气温和太阳辐射综合为室外综合温度 $t_z$（$z$）作为外扰，经过墙体或屋顶后转化为房间的传导失热量 $Q$（$z$）。由于房间家具和建筑结构的蓄热作用，某时刻的失热量并不是立刻转变为房间热负荷，失热量与热负荷之间的转换关系用房间的 $Z$ 传递函数 $G_2$（$z$）表示。用 $Z$ 传递函数计算逐时热负荷，分作两步：第一步，计算失热量；第二步，计算热负荷。

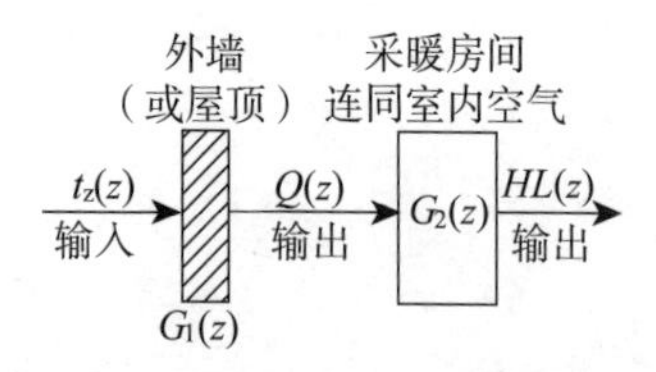


图 7–1　热力系统 $Z$ 变换的传递环节

计算失热量时，将外墙或屋顶作为一个热力系统，室内温度 $t_n$ 恒定为0℃，室外综合温度 $t_z$ 发生变化。

将室外综合温度作为系统的输入扰量、外墙或屋顶的传热量作为系统输出。室外综合温度以逐时的离散值给出，传热量用逐时值表示，它们之间的转换关系用外墙或屋顶的传热 $Z$ 传递函数表示：

$$G_{\mathrm{y}}(z)=\frac{Q_{\mathrm{y}}(z)}{t_{\mathrm{z}}(z)} \tag{7-1}$$

式中 $G_{\mathrm{y}}(z)$ ——外墙或屋顶的传热 $Z$ 传递函数；

$Q_{\mathrm{y}}(z)$ ——通过外墙或屋顶的传热量（输出函数）的 $Z$ 变换；

$t_{\mathrm{z}}(z)$ ——室外综合温度（输入函数）的 $Z$ 变换。

计算由失热量引起的房间热负荷时，将围护结构连同室内空气视为一个热力系统，将供暖房间失热量作为系统的输入扰量，供暖热负荷作为系统输出，即对扰量的响应。把失热量转化为热负荷的关系式写成 $Z$ 变换形式：

$$HL(z)=G(z)\cdot Q(z) \tag{7-2}$$

式中 $G(z)$ ——采暖房间热力系统的 $Z$ 传递函数。

到 $\tau$ 时刻为止，失热量采样值的 $Z$ 变换为：

$$Q(z)=Q_{\tau}z^{-\tau}+Q_{\tau-1}z^{-(\tau-1)}+Q_{\tau-2}z^{-(\tau-2)}+\cdots+Q_{\tau-n}z^{-(\tau-n)} \tag{7-3}$$

同理，热负荷采样值的 $Z$ 变换为：

$$HL(z)=HL_{\tau}z^{-\tau}+HL_{\tau-1}z^{-(\tau-1)}+HL_{\tau-2}z^{-(\tau-2)}+\cdots+HL_{\tau-n}z^{-(\tau-n)} \tag{7-4}$$

由于房间 $Z$ 传递系数收敛很快，考虑到供暖负荷计算精度的要求，$\tau$ 时刻供暖房间热负荷可由以下简化公式计算：

$$HL_{\tau}=V_0Q_{\tau}+V_1Q_{\tau-1}-W_1HL_{\tau-1} \quad (7-5)$$

式中　$HL_{\tau}$、$HL_{\tau-1}$——$\tau$ 时刻和 $\tau-1$ 时刻的热负荷，W/m$^2$；

$Q_{\tau}$、$Q_{\tau-1}$——$\tau$ 时刻和 $\tau-1$ 时刻的失热量，W；

$V_0$、$V_1$、$W_1$——房间的 $Z$ 传递函数系数。

由上式可知，$\tau$ 时刻的热负荷与 $\tau-1$ 时刻的热负荷、$\tau$ 时刻及 $\tau-1$ 时刻的失热量有关。

### 7.1.2　热负荷系数法

热负荷系数法是建立在 $Z$ 传递函数法基础上的一种简化手算方法。该方法把失热量计算和逐时热负荷计算两步合并一步，太阳能采暖房间动态热负荷直接由下式计算：

$$HL_{\tau,e}=KF(t_n-t'_w)\varepsilon \quad (7-6)$$

式中　$HL_{\tau,e}$——外墙或屋顶瞬变传热引起的逐时热负荷，W；

$F$——外墙或屋顶的面积，m$^2$；

$K$——围护结构的传热系数，W/(m$^2$·K)；

$t_n$——室内设计温度，℃；

$t'_w$——供暖室外计算温度，℃；

$\varepsilon$——热负荷系数。

热负荷系数的定义为：室内温度为 $t_n$ 时，在室外温度波动作用下，单位面积外墙或屋顶的瞬时热负荷与室内设计温度 $t_n$ 稳态方法下计算所得设计热负荷之比。当室温设计温度取18℃，可表示为：

$$\varepsilon=\frac{HL_{18}}{KF(t_n-t_w)} \quad (7-7)$$

式中　$\varepsilon$——热负荷系数；

$HL_{18}$——室内温度等于18℃时的热负荷，W/m$^2$；

$K$——外墙的传热系数，W/(m$^2$·K)；

$t_n$——室内设计温度,℃;

$t_w$——供暖室外计算温度,℃。

计算热负荷系数之前,先计算由外墙(或屋顶)失热量而产生的房间逐时热负荷。房间的逐时热负荷可由式(7-5)求得。对于经外墙或屋顶传热失热而形成的热负荷,可取房间 Z 传递系数:$V_0=0.681$,$V_1=-0.621$,$W_1=-0.94$。代入式(7-5)得:

$$HL_{\tau}=0.681Q_{\tau}-0.621Q_{\tau-1}+0.94HL_{\tau-1} \qquad (7-8)$$

由上式可知,要计算 $\tau$ 时刻的热负荷,不仅需已知此时刻及前一时刻的失热量,还需已知前一时刻的热负荷。采用上述计算失热量类似的算法,即在开始时刻假设 $HL_{\tau-1}$ 为 0,连续计算 6 个循环,逐时热负荷值就趋向稳定,取这 24h 的值作为房间单位面积逐时热负荷。然后,代入式(7-7)求得热负荷系数。

根据以上分析,用 Matlab 编程,开发出热负荷系数的计算程序,界面如图 7-2 所示。该程序的功能:输入计算外墙或屋顶的逐时失热量,执行程序后,可导出逐时热负荷系数。

利用采暖热负荷系数法进行实例计算。条件为:墙壁外表面对太阳辐射的吸收率取 0.55,壁面黑度取 0.9,壁表面总换热系数取 9.3W/($m^2$·K)。墙体热容量和墙体朝向对热负荷系数的影响最为明显。对五种墙体进行模拟分析,墙体 1~5 的热容量分别为 322、480、548、666、879kJ/($m^2$·K),传热系数分别为 1.76、0.79、0.82、0.85、0.48W/($m^2$·K)。热负荷系数随墙体热容量的变化关系如图 7-3 所示。

可见,墙体热容量越大,热负荷系数的日变化幅度越小,最小值出现的时刻滞后越大。五种不同的墙体中,墙 1 热负荷系数的日波动范围最大,最大值出现在 12:00 左右,约为 0.9,最小值出现在 22:00 左右,约为 0.17。墙 5 热负荷系数日波动范围最小,最大值出现在 23:00 左右,约为 0.57,最小值出现

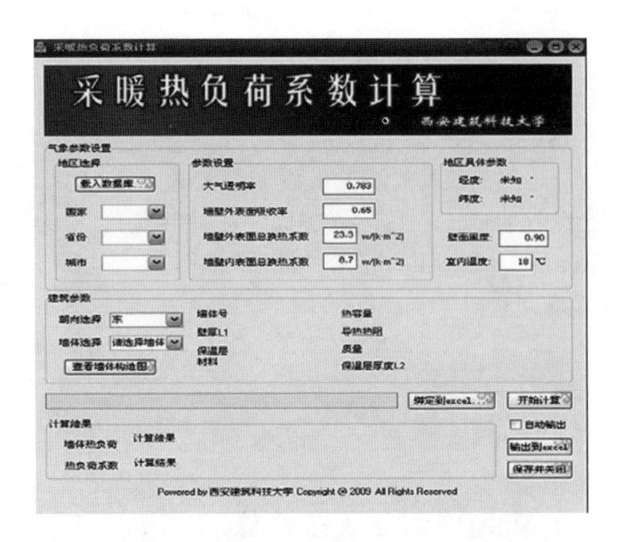


图 7–2　采暖热负荷系数计算程序界面

在 11:00 左右，约为 0. 53。原因在于：墙体传热衰减和滞后的程度取决于其蓄热能力。墙体热容量越大，蓄热能力越大，滞后的时间就越长，波幅的衰减就越大。

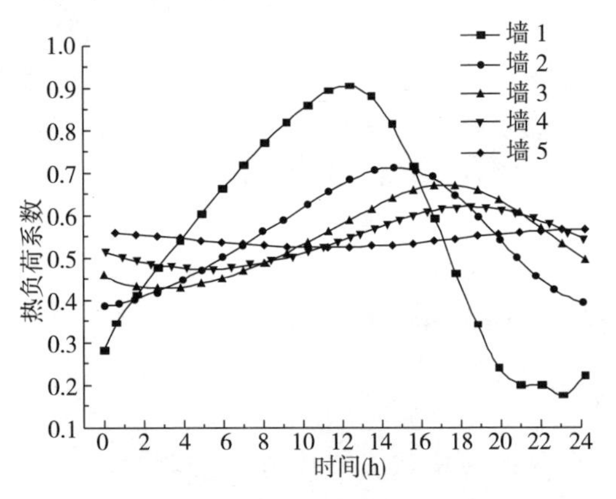


图 7–3　不同墙体热负荷系数

热负荷系数随朝向的变化关系如图 7–4 所示。

可见，同一结构墙体，北、东北、西北三个朝向墙体的热负荷系数均略大于 1，其他朝向墙体的热负荷系数均小于 1。同一时刻，南向墙体热负荷系数最小，北向墙体热负荷系数最大。南、北两个朝向墙体热负荷系数的日平均值相差约为 0.48，东南、西南两个朝向墙体热负荷系数的日平均值均约为 0.67，东、西两个朝向墙体热负荷系数的日平均值均约为 0.87。这是由于，外墙等围护结构的外表面吸收辐射热后，提高了自身的温度，减少了由室内传向室外的热量，由失热量引起的房间热负荷也相应减少。由于朝向不同的围护结构所接受的太阳辐射影响不相同，所以同一结构不同墙体的热负荷系数存在较大差别。

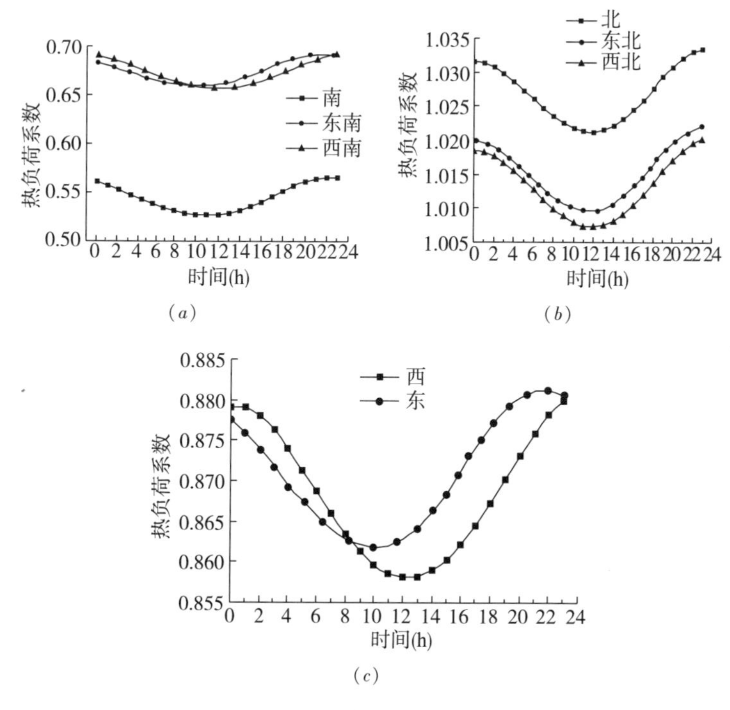


**图 7-4 不同朝向热负荷系数**

(*a*) 南、东南、西南；(*b*) 北、东北、西北；(*c*) 东、西

### 7.1.3 采暖末端形式选择

建筑室内采暖末端主要有散热器、地面辐射盘管、风机盘管形式。

散热器末端特点：要求水温70~90℃，而太阳能采暖水温50~60℃，太阳能采暖水温无法满足。散热器采暖易造成建筑的热不均衡且不易调节，另外散热片温度高于80℃时会在其上方的墙面产生灰尘团。散热器热响应时间约为1h，即开启1h后室温可达到设定温度要求。目前多用于教室、医院等类型建筑。

地面辐射盘管采暖末端特点：要求水温在50~60℃之间，供回水温差不大于10℃为宜，其优点是室内温度分布均匀、环境舒适健康、高效节能且可节省室内空间等。太阳能采暖系统供水温度较适宜低温辐射供热末端。地面辐射供暖预热时间约在2~3h，停暖后散热时间长，可持续10h以上，具体时间与盘管间距及运行水温度等参数有关。地面辐射盘管末端适用于连续运行的建筑，多用于居住建筑。

风机盘管采暖末端特点：水温在为40~60℃之间，其优点是所需供水温度较低、形式多样、外形美观、舒适度高、温度与时间可调节、布置灵活及能很好地与室内装修配合等。采用吊顶安装方式时，可节约使用面积，使气流和温度分布均匀。根据风机盘管水温要求，也适合作为太阳能采暖系统末端。风机盘管末端几乎无响应时间，开启即可满足室内热环境需求。适用于面积较大的低密度住宅与别墅，以及间歇性较强的办公室、宾馆等建筑。

太阳能系统效率与集热器种类和工质的工作温度密切相关，太阳能采暖系统的散热末端应按以下原则选用：太阳能采暖系统应优先选用低温辐射供暖系统；水－空气处理设备和散热器系统宜使用在60~80℃工作温度下效率较高的太阳能集热器，如高效平板太阳能集热器或热管真空管太阳能集热器等；热风采暖系统适宜低层建筑或局部场所需要供暖的场合。

## 7.2 辐射供暖地面传热数学模型

辐射供暖地面传热数学模型有导热微分方程、平面肋片模型、地板当量热阻模型。根据供暖系统连续运行、间歇期和预热期三种运行情况分别给出相应导热微分方程；平面肋片和当热热阻模型仅给出供暖系统连续运行情况。

### 7.2.1 导热微分方程

辐射供暖地板完整描述应为三维导热模型，地板内的三维导热模型可简化为如图 7-5 所示。但是在大部分地板结构中，管道直线长度远大于弯角长度，地板结构中同一结构层材质均一；假设水温沿管道轴向变化不大，忽略沿管轴方向的传热；管道之间对称。因此大多数研究者都忽略水温沿管道轴向的变化及传热，假设地板内的温差只存在于竖向及相邻盘管间的填充层内。地板三维导热可简化为如图 7-6 所示的沿管道径向的二维传热模型。

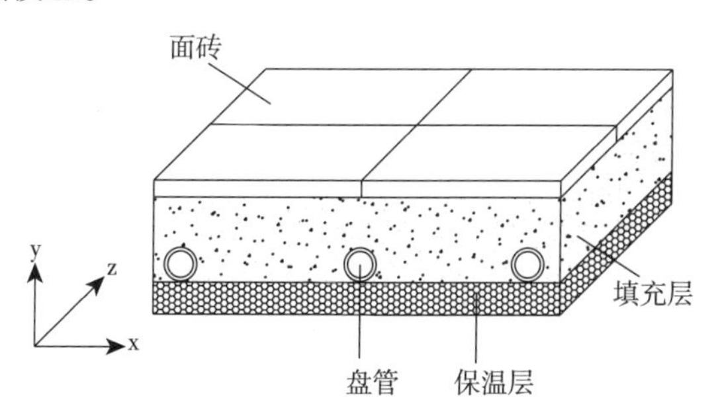


图 7-5 三维地板物理模型

因房间周边地板采用保温措施，周边断面面积比地板表面积小一个数量级，其中只有少部分与外围护结构相连，所以可

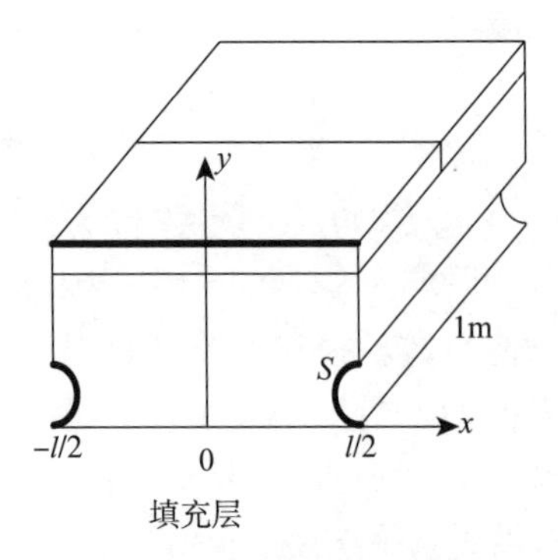


**图 7-6 二维简化物理模型**

认为地板周边绝热。假设管道内水温或管道表面温度对计算精度影响不大，由于管壁较薄，可认为管道外壁温等于运行水温；由于管道下部设置保温层结构，相比向上传热量，由保温层向下的传热量可忽略，认为保温层结构绝热。

（1）地板辐射供暖连续运行期间。认为地板内温度分布及室温已达到稳定状态，其数学描述为二维稳态传热，其中，$x$ 轴建立在保温层上表面即管道下表面处，$y$ 轴建立在相邻盘管间的中心线上。则导热微分方程可表示为：

$$\frac{\partial^2 t}{\partial x^2}+\frac{\partial^2 t}{\partial y^2}=0 \qquad (7-9)$$

由于地板内的管道假设为对称，对于图 7-5 所示的每一个计算单元，沿 $x$ 轴方向两个管道中心线边界近似认为是绝热边界：

$$\left.\frac{\partial t}{\partial x}\right|_{x=-\frac{l}{2}}=\left.\frac{\partial t}{\partial x}\right|_{x=\frac{l}{2}}=0 \qquad (7-10)$$

式中 $l$——盘管间距，m。

盘管下表面边界由前述分析，亦可认为绝热边界，地板上表面边界条件为第三类放热边界：

$$\left.\frac{\partial t}{\partial y}\right|_{y=0}=0;\ \left.\frac{\partial t}{\partial y}\right|_{y=h}=q_{\lambda}=q_{ac}+q_{ar}=(\alpha_c+\alpha_r)\times(t-t_a) \tag{7-11}$$

式中　$h$——地板上表面位置，即地板辐射管道埋深，m；

$q_{\lambda}$、$q_{ac}$和$q_{ar}$——地板上表面导热热流、地板上表面与室内空气对流换热热流、地板上表面与其他围护结构内表面辐射换热热流，W/m$^2$；

$\alpha_c$、$\alpha_r$——地板表面对流换热系数、辐射换热系数，W/(m$^2$·K)；

$t_a$——室内空气温度,℃。

盘管表面为第一类温度边界：

$$t\big|_{(x+\frac{l}{2})^2+(y-r)^2=r^2}=t\big|_{(x-\frac{l}{2})^2+(y-r)^2=r^2}=t_s \tag{7-12}$$

式中　$r$——盘管半径，m；

$t_s$——管道水温,℃。

（2）供暖停止后（间歇期）。盘管内供回水流动停止，由于管壁较薄，盘管内外表面温差很小，而且管道内水的蓄热量与地板蓄热量相比甚小，可忽略，因此管道表面可认为绝热。此时传热可描述为：地板由连续运行时的稳态分布过程开始向室内单向散热，其数学描述为二维非稳态传热。

$$\frac{\partial t}{\partial \tau}=a\left(\frac{\partial^2 t}{\partial x^2}+\frac{\partial^2 t}{\partial y^2}\right) \tag{7-13}$$

管道中心线边界和地板下表面边界，即$x=-\frac{l}{2}$、$x=\frac{l}{2}$和$y=0$为绝热边界：

$$\left.\frac{\partial t}{\partial x}\right|_{x=-\frac{l}{2}}=\left.\frac{\partial t}{\partial x}\right|_{x=\frac{l}{2}}=\left.\frac{\partial t}{\partial y}\right|_{y=0}=0 \tag{7-14}$$

地板上表面边界条件为第三类放热边界：

$$\left.\frac{\partial t}{\partial y}\right|_{y=h}=q_{\lambda}=q_{ac}+q_{ar}=(\alpha_{c}+\alpha_{r})\times(t-t_{a}) \quad (7-15)$$

式中 $t_a$——室内空气温度,℃。停暖后，地板散热量在一定程度上减缓室温降低速度，在该过程中，认为房间要求的室温下限为14℃，即室温在14～18℃之间变化。

盘管表面 $(x+\frac{l}{2})^2+(y-r)^2=r^2$，$(x-\frac{l}{2})^2+(y-r)^2=r^2$ 处由连续运行稳定条件下的第一类温度边界变为第二类绝热边界。

初始条件为连续供暖地板结构内稳态温度分布规律，如：

$$t_{\tau 0}=f(x,y) \quad (7-16)$$

其中，$f(x,y)$——连续供暖地板内稳态温度分布规律，对稳态模拟结果利用MATLAB进行插值处理，得到温度分布规律插值函数int $(x,y)$，进而作为停暖阶段初始条件进行数值计算。

（3）供暖开启后（预热期）。针对地板辐射供暖开启后分两种情况进行分析。第一，间歇时间足够长，地板结构内蓄热量完全释放，即地板温度与室内温度近似相等，等于室温允许下限14℃；第二，间歇时间较短，地板结构内蓄热量没有完全释放，其地板内温度分布规律为间歇期末了时刻温度分布规律，其数学描述仍为二维非稳态传热，表达式见式（7－13）。两个管道中心线边界和地板下表面边界为绝热边界，表达式与（7－14）相同。地板上表面边界条件为第三类放热边界，表达式同式（7－15）。

盘管表面为温度边界：

$$t\big|_{(x+\frac{l}{2})^2+(y-r)^2=r^2}=t\big|_{(x-\frac{l}{2})^2+(y-r)^2=r^2}=t_s \quad (7-17)$$

式中 $r$——盘管半径，m；

$t_s$——管道水温,℃。

初始条件:

第一种情况，间歇时间足够长，地板结构内蓄热量完全释放，即地板温度与室内温度近似相等，近似等于室温下限14℃。

$$t_{\tau 0} = t_a \tag{7-18}$$

第二种情况，间歇时间较短，地板结构内蓄热量没有完全释放，其地板内温度分布规律为间歇期末了时刻温度分布规律。

$$t_{\tau 0} = g\ (x,\ y,\ n) \tag{7-19}$$

其中，$g\ (x,\ y,\ n)$ 为间歇 $n$h 后地板结构内温度分布规律，通过 MATLAB 构造插值函数 int $(x,\ y,\ n)$ 的方法处理，作为预热阶段初始条件进行数值计算。

### 7.2.2 平面肋片模型

平面肋片模型可不必求解整个地板层内部温度和地板表面温度分布，只需求出管顶地板温度 $t_{max}$ 和肋片效率 $\eta$ 即可计算地板上表面散热量。采取的基本假设有：地板表面温度分布符合肋片温度分布规律；地板向上与向下传热量之比等于管道上下结构层热阻的反比；其他假设与导热微分方程模型假设相同。平面肋片简化模型如图 7-7 所示。

在地板上表面有:

$$\frac{\partial^2 t}{\partial x^2} = \frac{\alpha U}{\lambda A}\ (t - t_a) \tag{7-20}$$

$$x = 0, \quad t = t_{max} \tag{7-21}$$

$$x = W, \ \frac{\partial t}{\partial x} = 0 \tag{7-22}$$

式中 $A$——肋片端面面积，$m^2$，$A = L\delta_f$；

$U$——肋片端面散热周长，m，对于单面散热、顶端绝热的肋片 $U=L$；

$L$、$\delta_f$——肋片的宽度和厚度，m；

$W$——管道之间的净间距之半，m。

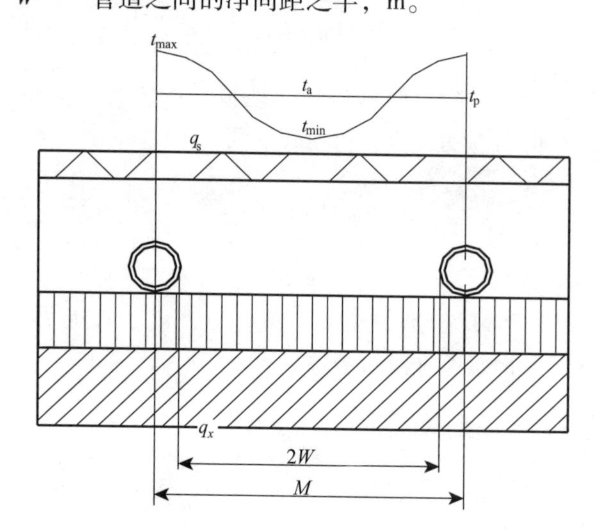


图 7–7　平面肋片简化模型

求解得：

$$q_s \times M = \alpha\ (t_{max} - t_a)\ (2W\eta + D_w) \tag{7-23}$$

式中，$\eta = th\ (m \cdot M)\ /\ (m \cdot M)$

$$m = \sqrt{\frac{\alpha L}{\lambda A}} = \sqrt{\frac{\alpha}{\lambda \delta_f}} \tag{7-24}$$

对于多层地板结构：

$$m = \sqrt{\frac{\alpha}{\sum \delta_i \lambda_i}} \tag{7-25}$$

式中 $q_s$——地板上表面散热量，W/m$^2$；

$\eta$——肋片效率；

$\delta_i$、$\lambda_i$——各层材料的厚度和导热系数，m、W/（m·K）。

用管顶地板表面温度代替肋基温度 $t_{max}$，有

$$t_{max} = t_g - q_s \sum_{i=2}^{n} [\delta_i/\lambda_i + (H + 0.5D_w)/\lambda_m] \quad (7-26)$$

式中 $t_g$——管道外表面温度，℃；

$H$、$\lambda_m$——填充层厚度和材料的导热系数，$m$、W/（m·K）。

$$t_g = t_s - \frac{q_s \cdot M}{X \cdot \pi}\left[\frac{1}{\alpha_n \cdot D_n} + \frac{1}{2\lambda_p}\ln\left(\frac{D_w}{D_n}\right) + \frac{R_t}{D_w}\right] \quad (7-27)$$

式中 $D_n$、$D_w$——管道的内、外径，$m$；

$\lambda_p$——管道导热系数，W/（m·K）；

$R_t$——管道外表面与结构层接触热阻，（m$^2$·K）/W；

$X$——向上散热比例。

$$X \approx \frac{q_s}{q_s + q_x} \approx \left(1 + \frac{R_s}{R_x}\right)^{-1} \quad (7-28)$$

式中 $q_x$——地板向下的传热量，$W/m^2$；

$R_s$、$R_x$——管轴线以上、以下结构层总热阻，（m$^2$·K）/W；

一般地板结构 $X$ 可取0.7~0.8。

在原有模型中，Kilkis 对肋片效率进行修正，将式（7-25）修正为：

$$m = \sqrt{\frac{\alpha}{2\sum\delta_i\lambda_i}} \quad (7-29)$$

仍采用式（7-25），并采用肋基温度系数法修正。对肋基温度的计算（7-26）前提假设是由管道表面到管顶地板表面仅

存在竖向一维传热。实际上，地板内为二维传热，水平方向的导热不可忽略，该方向上的传热会引起管顶地板表面温度降低，所以引入肋基温度系数 $k$，式（7－26）变为：

$$t_{max}=t_g-q_s\cdot k\cdot\sum_{i=2}^{n}[\delta_i/\lambda_i+(H+0.5D_w)/\lambda_m] \tag{7-30}$$

当管间距较大、管道埋深小时，$k$ 值较大。对于混凝土填充层，$k$ 值可由下式近似计算：

$$k=1+2\times M-h \tag{7-31}$$

式中　$M$、$h$——管间距和管道埋深，m。

### 7.2.3　地板当量热阻模型

填充层当量热阻取决于填充层导热系数和形状因子。但埋管低温热水辐射地板结构为多层结构，填充层下部的地板结构情况对填充层中的热流量和分布存在影响填充层下部的保温层材料导热系数与填充层材料的导热系数相差甚大，难以精确求解填充层形状因子。因此，在计算填充层导热形状因子时需要对地板结构进行近似简化。

分析地板结构可发现：埋管低温热水辐射地板管道下部设有保温层，其导热系数远小于填充层，所以影响填充层内传热的主要因素是填充层及其上结构层。可将填充层底部近似简化为绝热，简化计算模型如图 7–8 所示。以图 7–8 的底部绝热面为对称线设置与原有地板对称的虚拟结构，组成的新结构如图7–9 所示。原有结构的导热形状因子为新结构的一半。将新结构的两个管径简化为一个等效管径见图 7–8。计算等效管径条件下新结构的形状因子即可获得原有地板结构导热形状因子的近似解析式。

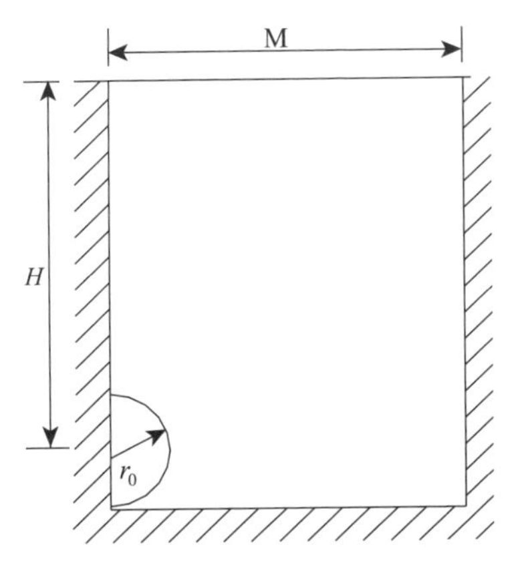


图 7-8 地板形状因子简化模型

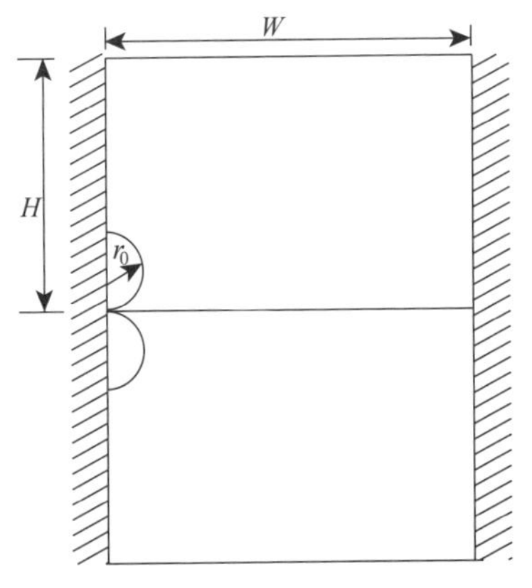


图 7-9 地板镜像模型

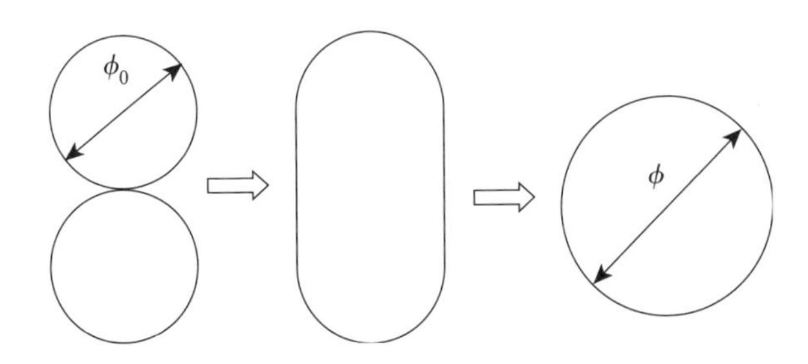


图 7-10 等效管径

根据图 7-10，有 $\pi\phi = \pi\phi_0 + 2\phi_0$，所以：

$$\phi = \left(1 + \frac{2}{\pi}\right)\phi_0 = 1.64\phi_0 \tag{7-32}$$

图 7-10 是按等效管道断面周长变形的，因管道形状的变化也会影响导热形状因子，对式（7-32）进行修正：

$$\phi = \kappa \times 1.64\phi_0 \tag{7-33}$$

式中 $\phi_0$——实际管道直径，m；

$\kappa$——形状变换修正系数。

处于无限大平板中的管排每根管道的导热形状因子为：

$$S' = \frac{2\pi L}{\ln\left(\frac{2M}{\pi\phi} sh \frac{\pi H}{M}\right)} \tag{7-34}$$

式中　$H$、$M$、$\phi$——填充层的厚度、管间距和等效管道直径，m。

地板填充层导热形状因子为新结构的导热形状因子的一半，再将式（7－33）代入式（7－34），则低温热水辐射地板导热形状因子为：

$$S = \frac{1}{2}S' = \frac{\pi L}{\ln\left(\frac{1.22M}{\pi\kappa\phi_0} sh \frac{\pi H}{M}\right)} \tag{7-35}$$

式中，$\kappa = 0.75 \sim 0.8$，当管径大、填充层厚度薄时取小。

根据导热形状因子与导热热阻的关系，单位地板面积填充层的当量热阻 $R_0$：

$$R_0 = \frac{LM}{\lambda S} = \frac{M}{\pi\lambda}\ln\left(\frac{1.22M}{\pi\kappa\phi_0} sh \frac{\pi H}{M}\right) \tag{7-36}$$

上式的使用条件为单层匀质材料。低温热水供暖地板为多层结构，当各层材料的热物理性能参数相近时，可近似地将各层结构统一为单层结构，利用上式计算地板的当量热阻，再由当量热阻与表面换热热阻合成为地板传热总热阻：

$$R = R_0 + \sum_{i=1}^{n} R_i + \frac{1}{\alpha} \tag{7-37}$$

式中　$R_i$——填充层以上各结构层热阻，W/（$m^2 \cdot K$）；

　　$\alpha$——地板表面换热系数，W/（$m^2 \cdot K$）。

# 7.3 辐射供暖地面散热特性

利用数值计算分析盘管运行水温、填充层厚度、管间距对辐射供暖地板散热特性的影响，分别取水温为40℃、50℃和60℃，填充层厚度为50mm、60mm和70mm，管间距为100mm、200mm和300mm，盘管管径16/20mm。地板主要结构面砖层为砖砌体，厚度为10mm；填充层为碎石混凝土。

## 7.3.1 连续运行模式

地板内部温度分布如图7-11所示；不同盘管运行水温（管间距200mm，填充层50mm）、不同填充层厚度（管间距200mm，盘管水温40℃）、不同盘管间距地板（填充层厚度70mm，盘管水温40℃）表面温度分别如图7－12～图7－14所示。

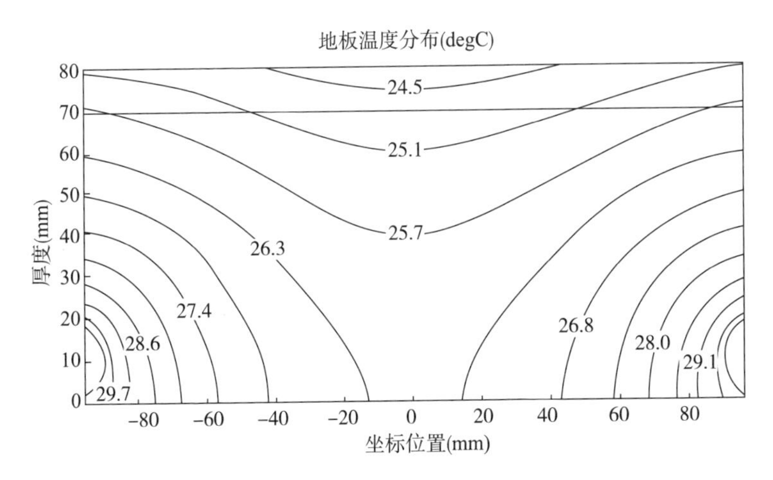


图7-11 地板结构内温度分布

地板表面热流分布规律与温度分布规律相似，主要由于地板热流密度与地板表面温度、室内空气温度及地板表面对流换

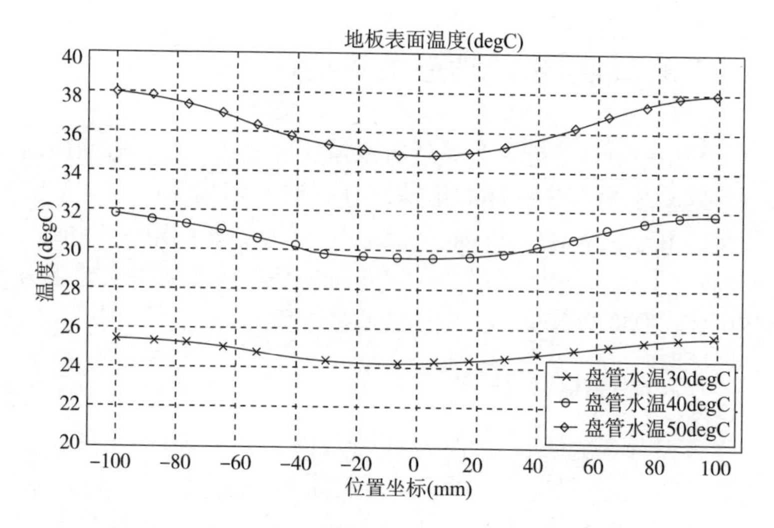


图 7-12　不同运行水温地板表面温度

热系数有关，而连续采暖室内空气温度可近似认为恒定，表面对流换热系数也认为变化不大，因此地板表面热流密度主要与地板表面温度有关，其规律相似，不再给出热流分布。

根据图 7-11，地板辐射盘管采暖地板内等温线以盘管为中心向四周以圆形展开，水平方向上，盘管顶部温度最高，两盘管中心点温度最低。

图 7-12 中盘管运行水温分别为 30℃、40℃和 50℃时，地板表面温度和热流密度平均值分别为 25. 1℃、31. 0℃和 36. 9℃，67. 2W/m$^2$、123. 2W/m$^2$ 和 179. 1W/m$^2$；盘管运行水温为 30℃和 50℃时，地板表面平均温度相差 11. 8℃，可见盘管运行水温对地板表面温度和热流密度影响较大。

根据图 7-13、图 7-14，填充层厚度为 50mm 和 70mm 时，地板表面平均温度相差为 0. 8℃，热流密度相差 7. 7W/m$^2$，可见填充厚度对地板表面温度和热流密度影响较小。盘管间距为 100mm 和 300mm 时，地板表面平均温度相差为 4. 9℃，热流密度相差 43. 1W/m$^2$，可见盘管间距对地板表面温度和热流密度影

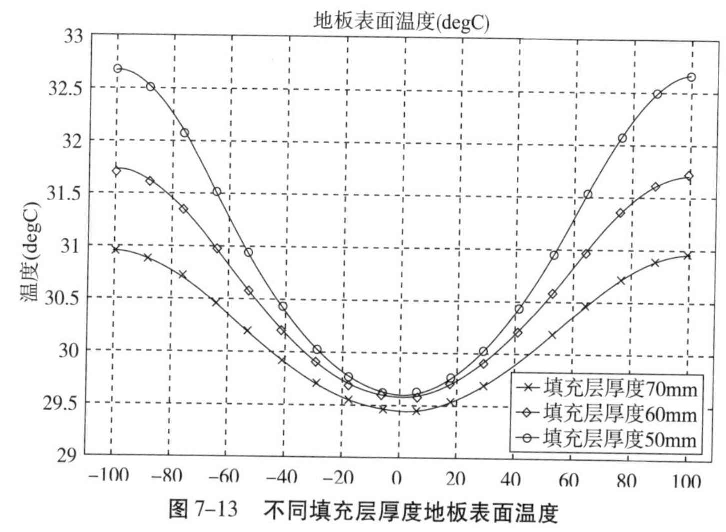


图 7-13 不同填充层厚度地板表面温度

响介于盘管水温与填充层厚度影响之间。

可见，改变盘管运行水温对地板表面温度和地板表面热流密度影响最大，改变填充层厚度对地板表面温度和地板表面热流密度影响较小，改变盘管间距介于两者之间。因此，通常通过改变运行水温和盘管间距来调节地板供热量，而通过改变填充层厚度来实现地板供热量调节的较少。

### 7.3.2 间歇运行模式

根据建筑使用功能，采暖系统存在间歇运行模式，间歇运行地板热特性可分为两种情况，第一，采暖停止后的间歇期；第二，采暖开启后的预热期。

第一种情况：当采暖停止后，地板内温度分布随时间变化规律如图 7-13 所示。

根据图 7-15，地板辐射盘管由连续运行停止后，即盘管内水停止流动，由连续运行到间歇运行数小时后，地板内温度分布状况为：0 时刻，地板辐射盘管刚开始间歇时刻，地板内温度分布为连续运行末了时刻的温度分布，随着时间的延续，地板内蓄热量逐渐散向室内空气，地板内温度逐渐降低；2h 后，地板内温度分布已经基本不受连续供暖盘管水温分布的影响，等温线趋于水平，但地板温度仍较高，此后时刻近似为一维放热过程；10h 后，地板内温度已经较低，与室内空气温度 16℃已较为接近，随着时间的进一步延续，地板内温度将逐渐趋于 16℃，此过程较持续时间较长。

盘管运行水温分别为 30℃、40℃和 50℃时，间歇期盘管顶点和两盘管中线点地板表面温度及热流密度变化规律如图 7–14 所示。

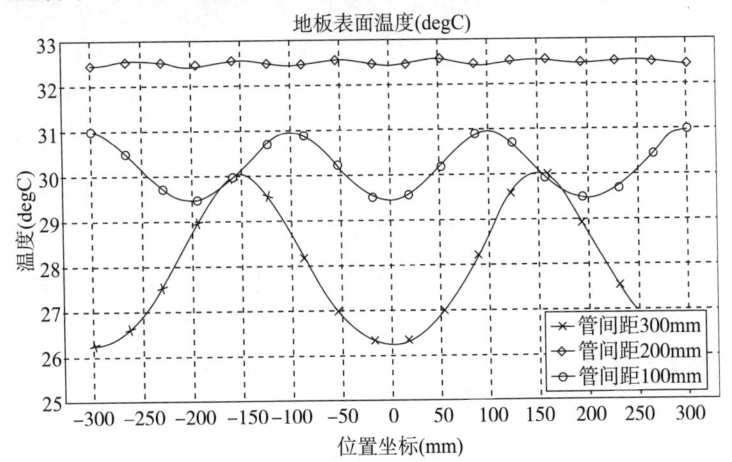


**图 7–14　不同盘管间距地板表面温度**

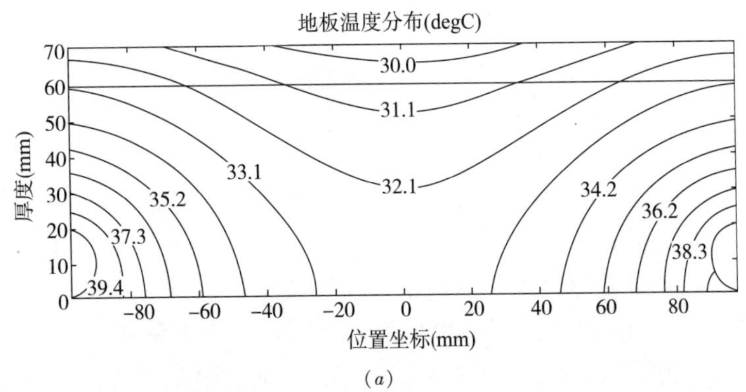


（*a*）

**图 7–15　间歇期地板温度分布规律（管间距 200mm，填充层 60mm，水温 40℃）**

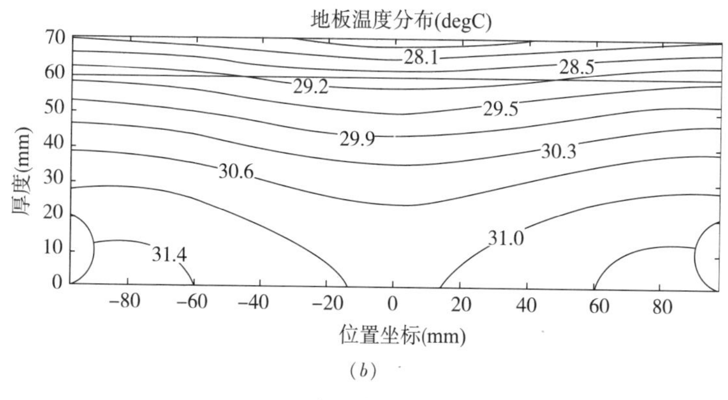


(*b*)

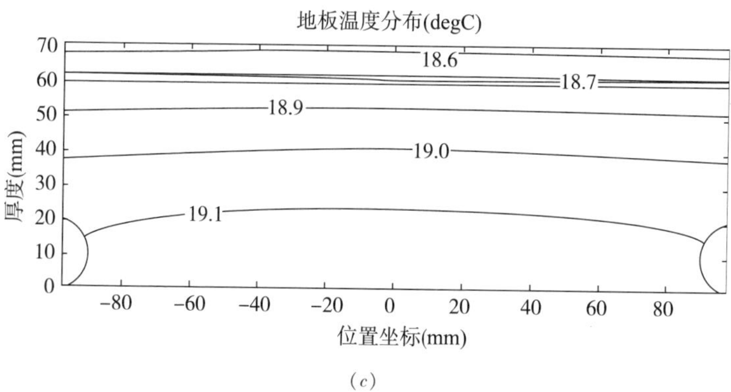


(*c*)

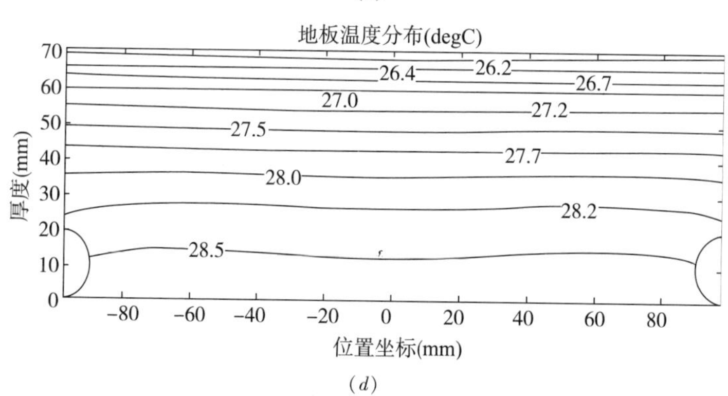


(*d*)

**图 7-15 间歇期地板温度分布规律（管间距 200mm，填充层 60mm，水温 40℃）（续）**

(*a*) 0 时刻；(*b*) 1h 后；(*c*) 2h 后；(*d*) 10h 后

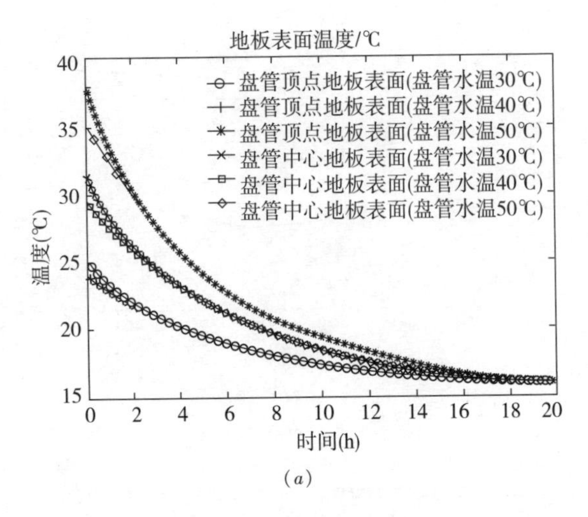


(*a*)

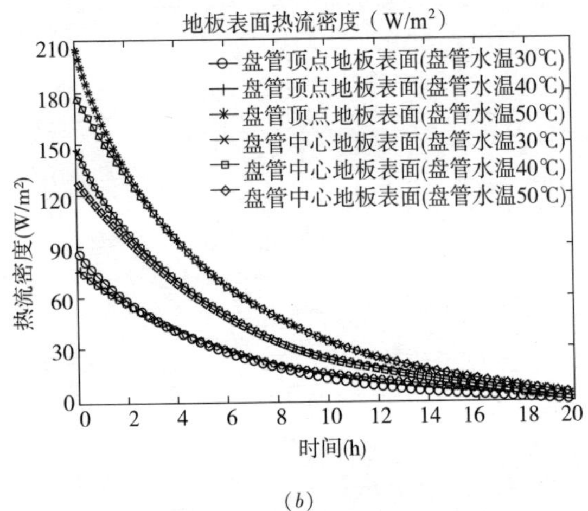


(*b*)

**图 7–16　不同盘管水温地板表面温度及热流密度**

**（管间距 200mm，填充层 60mm）**

（*a*）地板表面温度；（*b*）热流密度

由图 7–16 可知，间歇开始时刻盘管顶点地板温度和热流密度高于两盘管中心点地板表面温度和热流密度，随着时间延续，约 2h 后，此差别逐渐消除，前述已经有相应说明，后续变化规律均采用地板表面平均值。还可以看出，连续运行盘管水温为 50℃时，其间歇数小时后，地板表面温度和热流密度均处于较大数值，40℃时其次，30℃时则最小，说明当连续运行盘管水温较高时，散热过程其温度在一定时间内仍能保持较高水平；若地板表面温度与完全降温后的地板表面温度相差1℃认为基本稳定，从图中可以看出，12h后，地板蓄热已经接近于完全释放，再经过一定长时间后，20h后，地板表面温度已趋于室内空气温度16℃，同时地板蓄热近似全部散出，地板表面热流密度也趋于0。

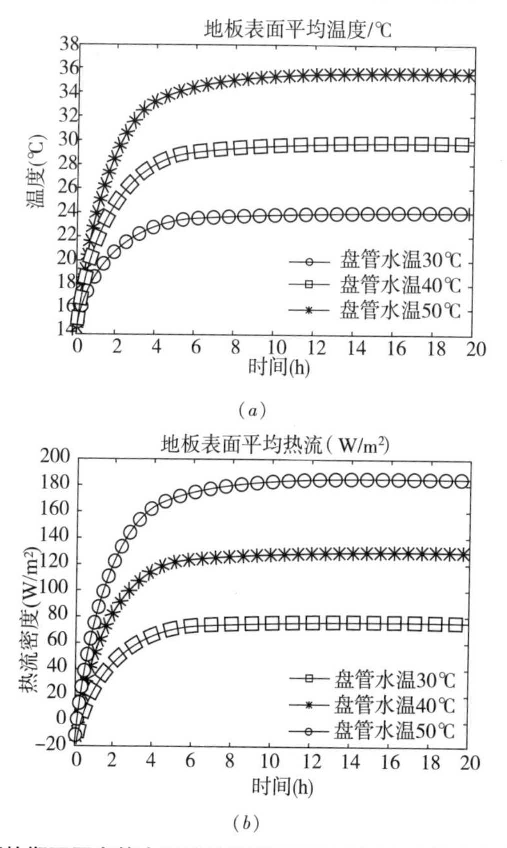


**图7–17 预热期不同盘管水温地板表面平均温度及平均热流密度变化规律（管间距200mm，填充层厚度60mm）**

(a) 温度变化规律；(b) 热流密度变化规律

第二种情况，采暖开启后的预热期。预热期可分为两种工况。其一，供暖系统间歇时间足够长，地板蓄热完全释放，认为地板温度与室温近似相等，此时预热期开始时刻初始条件为基本恒定的地板温度，即等于室温；其二，供暖系统间歇时间较短，地板蓄热没有完全释放，预热期开始时刻初始条件为供暖系统间歇 $\tau$h 后地板的温度分布规律。其一供暖系统加热地板到稳定状态需要时间较长，其二则加热到稳定状态所需时间与供暖系统间歇小时 $\tau$ 的长短有一定的关系。

地板蓄热完全释放情况：预热期不同盘管水温地板表面温度及热流密度变化规律如图 7-17 所示。

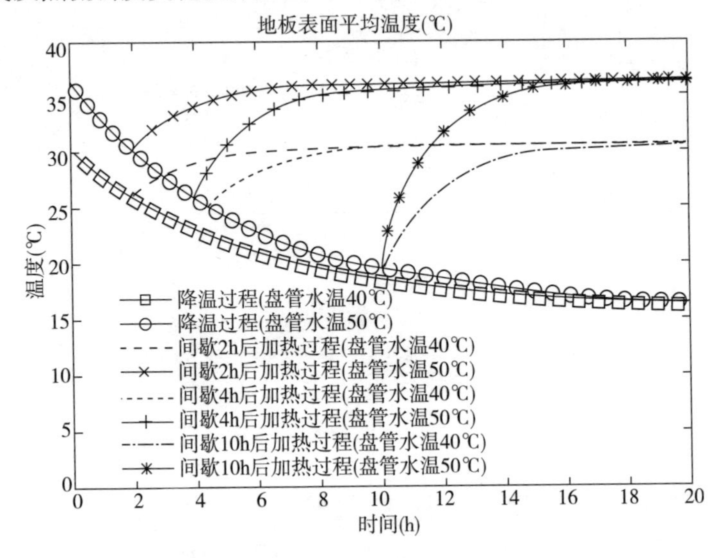


**图 7-18　不同盘管水温与间歇时间下预热期地板表面平均温度**

**（填充层厚度 60mm，盘管间距 200mm）**

根据图 7-17，盘管运行水温分别为 30℃、40℃和 50℃时，地板预热过程中地板表面平均温度及热流密度变化规律相似。盘管水温越高时，地板表面温度和热流密度增大越快，反之越小。但是在各盘管水温下地板预热过程，加热至稳定状态所需时间基本相同，均约为5h。可见，盘管运行水温对完全释放的地板预热至稳定状态所需时间影响较小。针对地板预热期时间的长短，改变盘管间距影响最大，盘管运行水温及填充层厚度影响较小。

当前期间歇时间较短，地板蓄热量未完全释放时，地板内温度降低，当间歇 $n$h 后又开始加热，则地板由间歇 $n$h 后时刻的内部温度分布再加热至连续运行时地板内温度分布状态。

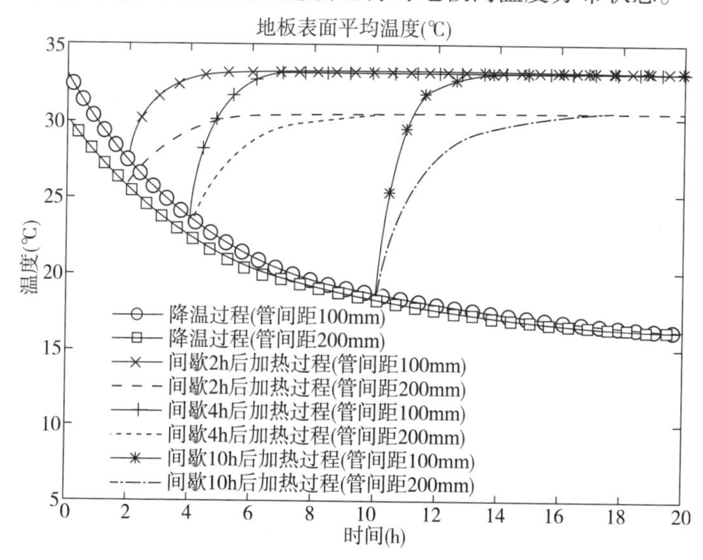


**图 7-19　不同盘管间距与间歇时间下预热期地板表面平均温度**
**（填充层厚度 60mm，盘管运行水温为 40℃）**

温度变化如图 7-18 和图 7-19 所示。间歇 0.5h、1h、2h、4h、6h、10h 后开始预热，预热至稳定状态所需时间分别为 0.5h、1h、2h、3.5h、4h、4.5h 左右。可以看出，间歇时间较短时，加热所需时间与间歇时间相当；当间歇时间较长时，加热所需时间便小于间歇时间；当间歇时间足够长后（约为 12h)，即可认为前期蓄热量基本全完释放，则预热时间约为 5h。盘管运行水温为 50℃时，其表面平均温度越高。但是预热至稳定状态所需时间与40℃无明显差别。在间歇时间相同的情况下，盘管间距越小，加热至稳定状态所需时间也便越短，不同盘管间距下间歇时间与加热至稳定状态所需时间（预热时间）关系如表7－1所示

**不同盘管间距下间歇时间与预热时间关系（盘管水温40℃，填充层厚度60mm）** **表7–1**

| 间歇时间(h) | | 0.5 | 1 | 2 | 4 | 6 | 10 | 无穷 |
|---|---|---|---|---|---|---|---|---|
| 预热时间(h) | 盘管间距100mm | 0.5 | 0.7 | 1 | 1.5 | 1.7 | 2 | 2.5 |
| | 盘管间距200mm | 0.5 | 1 | 2 | 3.5 | 4 | 4.5 | 5 |
| | 盘管间距300mm | 0.5 | 1 | 2 | 3.8 | 5.5 | 7 | 7.5 |

## 7.4 地面辐射采暖运行设计

### 7.4.1 太阳房热负荷特性

根据被动太阳房热负荷值的大小可分为热负荷值较大、较小两种情况；根据热负荷持续时间又可分为热负荷持续时间较长、中等、较短三种情况。定义热负荷值较大的三种持续时间从长至短分别为太阳房热负荷规律A、B和C，热负荷值较小的三种为D、E和F，如图7–20～图7–22所示。

被动太阳房热负荷规律A和D热负荷持续时间相当，约为17:00～18:00，即间歇时间约为6～7h，负荷规律A和D最大值分别约为300W/m$^2$、50W/m$^2$；负荷规律B和E1天内热负荷持续时间相当，约为13:00～14:00，间歇时间约为10～11h，最大值分别约为250W/m$^2$、30W/m$^2$；负荷规律C和F1天内热负荷持续时间相当，约为8:00～9:00，间歇时间约为15～16h，最大值分别约为150W/m$^2$、20W/m$^2$。

综合分析负荷规律可知，热负荷在7：00～8：00左右达到最大值，对于热负荷规律A和D而言，13:00～19:00热负荷为

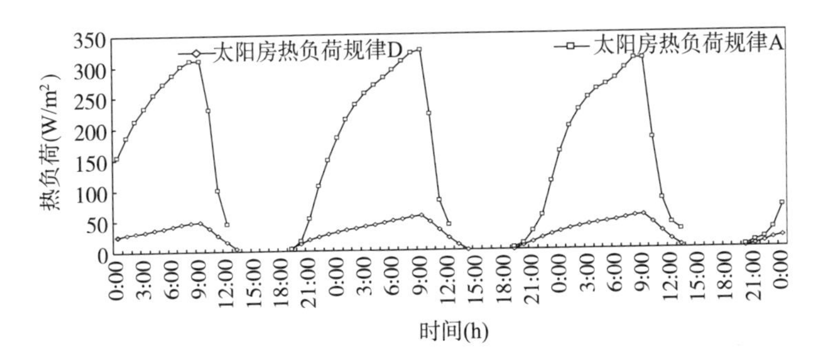


图 7–20 被动太阳房热负荷规律 A 和 D

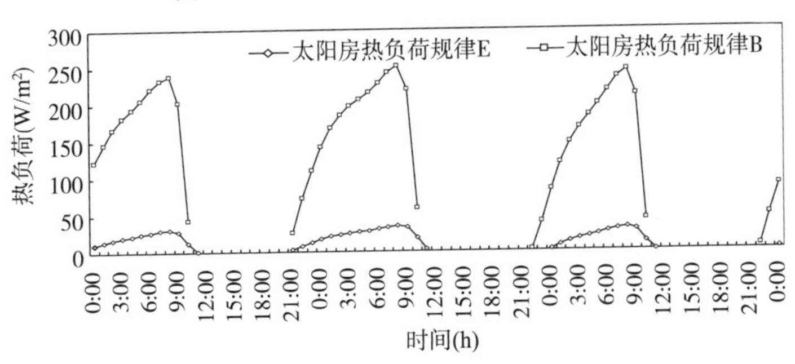


图 7–21 被动太阳房热负荷规律 B 和 E

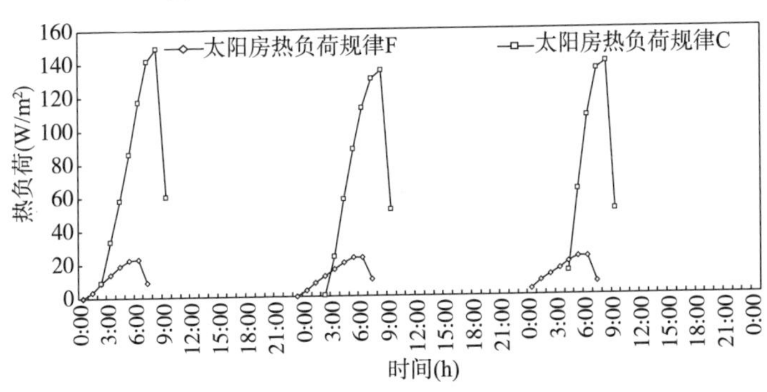


图 7–22 被动太阳房热负荷规律 C 和 F

0，即室温高于室内设定温度要求；热负荷规律 B 和 E，11:00 ~ 21:00 热负荷为 0；对于热负荷规律 C 和 F，间歇时间段稍有差别；热负荷规律 C，09:00 ~ 次日 02:00 热负荷为 0；热负荷规律

F，07:00～次日00:00热负荷为0，与热负荷规律C间歇时间长度相当，因此可对比分析。还可以看出，间歇时间较短的热负荷规律，热负荷最大值也相应较大，室外温度较低，导致白天达到要求的室温时间段较短，夜间最大热负荷也较大。

### 7.4.2 间歇供热量与房间负荷匹配

对于上述太阳房A～F热负荷规律，为了实现全天室温均满足设定要求，必须使地板辐射供暖地板表面散热量规律与热负荷规律有较好的匹配，即热负荷增大过程中，地板表面散热量也增大，连续运行时地板表面散热量与热负荷数值相当，热负荷较小过程中，地板表面散热量也应该逐渐减小，为了达到地板辐射地板表面散热量与热负荷有较好的匹配，地板填充层厚度、地板盘管管间距，盘管运行水温都需要合理的选择，大致可按照以下依据进行选择。

（1）太阳房热负荷数值较大时，主要通过提高盘管运行水温实现，其次可通过适当减小盘管间距或减小填充层厚度来调节，反之亦然；

（2）太阳房热负荷增大过程较快时，主要通过减小盘管间距实现，其次可通过减小填充层厚度来调节，盘管运行水温为前提，反之亦然；

（3）太阳房热负荷减小过程较快时，主要通过减小填充层厚度实现，盘管间距和盘管运行水温为前提，反之亦然；

（4）太阳房热负荷持续时间较长时，主要通过增大填充层厚度实现，盘管间距和盘管运行水温为前提，反之亦然。

以热负荷规律B为例进行分析，热负荷规律B最大值约为250W/m$^2$，持续时间约为13～14h，对比地板散热量规律可知，地板填充层厚度选择200mm，盘管间距选择100mm，盘管运行水温选择50℃，由热负荷增大时刻地板开始加热，至热负荷最大时刻停止加热，热负荷减小过程依靠间歇期地板散热量来补充。热负荷规律和地板散热量规律匹配关系如图7–23～图7–25所示。

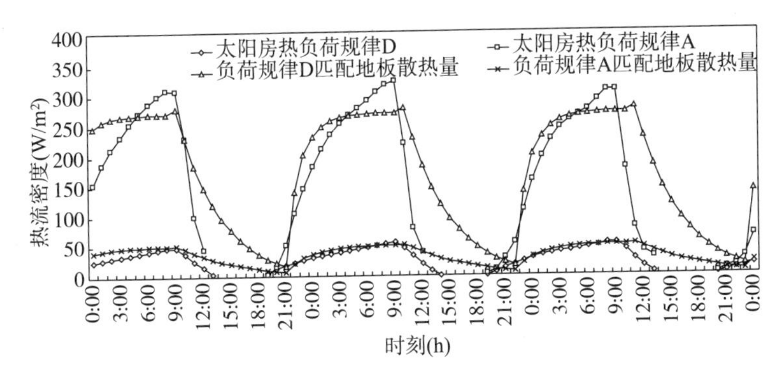


图 7-23　被动太阳房热负荷规律 A 和 D 匹配

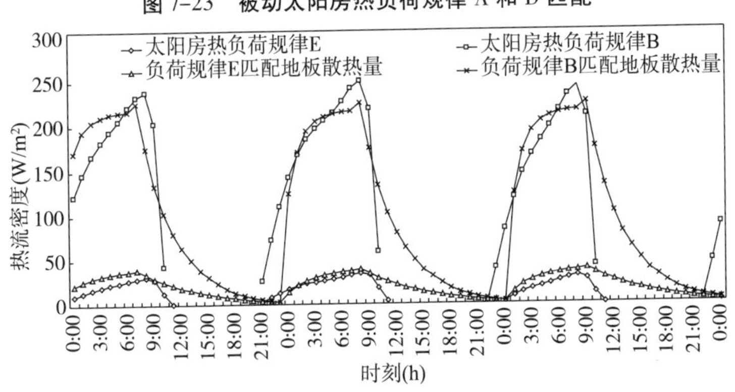


图 7-24　被动太阳房热负荷规律 B 和 E 匹配

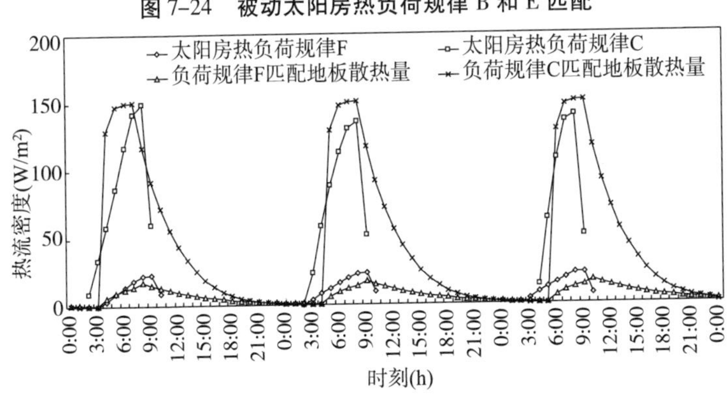


图 7-25　被动太阳房热负荷规律 C 和 F 匹配

地板结构性能参数及地板采暖间歇运行模式 表 7-2

| 负荷规律 | 盘管间距(mm) | 填充层厚度(mm) | 盘管运行水温(℃) | 采暖运行时间段(h) | 运行总时间(h) | 采暖间歇时间段(h) | 间歇总时间(h) |
|---|---|---|---|---|---|---|---|
| A | 200 | 60 | 60 | 21:00～次日 09:00 | 12 | 09:00～21:00 | 12 |
| B | 200 | 60 | 50 | 23:00～次日 07:00 | 8 | 07:00～23:00 | 16 |
| C | 100 | 50 | 40 | 05:00～08:00 | 3 | 08:00～次日 05:00 | 21 |
| D | 300 | 70 | 30 | 21:00～次日 09:00 | 12 | 09:00～21:00 | 12 |
| E | 300 | 70 | 25 | 23:00～次日 07:00 | 8 | 07:00～23:00 | 16 |
| F | 300 | 70 | 20 | 05:00～08:00 | 3 | 08:00～次日 05:00 | 21 |

根据图 7-23～图 7-25，得到的地板散热量规律在预热期与建筑负荷匹配较好，间歇期由于地板蓄热作用，地板表面散热量持续时间较长，会引起室内温度较高。从表 7-2 可知，A、B 和 C 三种负荷规律匹配得地板间歇供暖模式分别持续 12h、8h 和 3h，相比连续供暖，其运行时间明显缩短。

### 7.4.3 变室温对地板散热量影响

前述对地板辐射间歇供暖模式下地板传热过程研究时，地板表面散热量是根据运行模式不同，在分阶段取定边界条件下进行求解的。实际上，太阳能建筑与地板间歇采暖耦合调节下室温随时间变化，为了能更好地符合实际情况，需对变化的室温边界条件进行处理，即变室温条件下地板散热量规律。

利用循环迭代计算的思想对变室温条件下地板散热量变化规律进行分析，计算流程如图 7-26 所示。

室内空气温度既是辐射采暖地板传热控制方程求解的边界条件，也是太阳能建筑与地板辐射间歇采暖耦合调节的待求量，其变化规律未知，故对该问题采取以下处理方法：

（1）因室内温度变化规律未知，先根据地板散热量求解方法预先设定地板间歇采暖各阶段室内温度恒定值，并计算地板表面散热量；

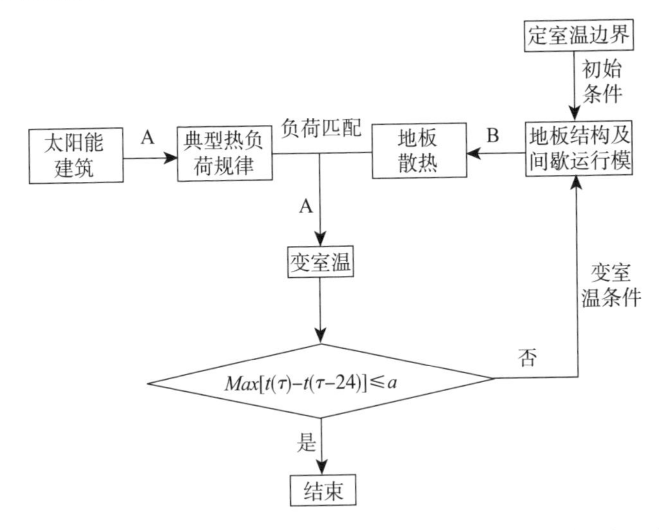


图 7–26　变室温地板散热量及室温变化之间循环迭代计算程序示意

（2）根据太阳能建筑负荷变化规律，匹配与之相符合的地板散热量规律，以确定地板性能参数及间歇运行模式；

（3）用数值处理方法对太阳能建筑与地板间歇采暖耦合调节室内温度变化规律进行模拟计算；

（4）根据上述变室温模拟结果，对地板散热量重新进行计算，再通过数值模拟耦合调节下建筑室内温度变化规律，形成迭代运算，前一次与后一次室温计算结果最大温差大于某一规定值 $a$ 时，继续进行迭代运算，直至小于某一规定值 $a$ 时结束运算，通常取 1.0℃，此时室内温度变化规律即为太阳能建筑与地面辐射间歇采暖耦合调节下室温波动规律。

# 参考文献

[1] 陈沛霖，曹叔维，郭建雄. 空气调节负荷计算理论与方法. 上海：同济大学出版社，1987.
[2] 刘艳峰，杨晓华. 太阳能采暖房间动态热负荷计算方法研究. 建筑技术，2011，42 (1)：42-44.
[3] 刘艳峰，刘加平. 低温热水辐射地板传热平面肋片模型的改进. 哈尔滨工业大学学报，2003，35 (10)：1190-1192.
[4] 刘艳峰，刘加平. 埋管低温热水辐射地板当量热阻研究. 西安建筑科技大学学报（自然科学版），2004，36 (1)：21-24.
[5] 刘艳峰，刘加平. 低温热水辐射地板传热测试研究. 西安建筑科技大学学报（自然科学版），2004，36 (2)：176-178，194.
[6] 王登甲，刘艳峰，刘加平. 间歇供暖地板预热期蓄热特性研究. 太阳能学报，2014，25 (7)：1158-1163.
[7] 王登甲，刘艳峰，刘加平. 间歇供暖地板放热特性研究. 暖通空调. 2013，43 (8)：78-82.
[8] 刘艳峰，吴学红. 西安地板辐射空调优化及室内热环境研究. 太阳能学报. 2014，25 (7)：1164-1168.
[9] 刘艳峰，刘加平. 低温热水地板辐射供暖间歇运行研究. 节能技术，2004，22 (1)：5-6，29.
[10] 马超，刘艳峰，王登甲等. 低温热水辐射地板动态散热特性研究. 西安建筑科技大学学报（自然科学版），2014，46 (3)：416-421.
[11] 王登甲，刘艳峰，刘加平. 间歇采暖太阳能建筑设计及运行优化研究. 西安建筑科技大学学报（自然科学版）. 2012，44 (5)：457-462.
[12] 王登甲，刘艳峰，易赛兰. 分户供暖热负荷计算方法初探. 建筑节能，2008，36 (2)：5-8.
[13] 刘艳峰，申健. 住宅地面辐射供暖系统中因地板覆盖产生的散热量安全系数. 暖通空调，2007，37 (11)：104-106.
[14] 胡松涛，于慧俐，李绪泉等. 地板辐射供暖系统运行工况动态仿真. 暖通空调，1999，29 (4)：15-17.
[15] Dengjia Wang，Yanfeng Liu，Yingying Wang，Jiaping Liu. Numerical and experimental analysis of floor heat storage and release during an intermittent

in-slab floor heating process. Applied Thermal Engineering, 2014, 62 (2): 398 -406.

[16] Dengjia Wang, Yanfeng Liu, Yingying Wang, Jiaping Liu. Design and performance of demonstration house with active solar heating in the Qinghai-Tibet Plateau region. Journal of Building Physics, 2015, 8: 1 -22.

[17] M. H. Adjali, M. Davies, S. W. Rees, J. Littler. Temperatures in and under a slab-on-ground floor: two-and three-dimensional numerical simulations and comparison with experimental data. Building and Environment, 2000, (35): 655 -662.

[18] P. Chuangchid, M. Krarti. Foundation heat loss from heated concrete slab-on-grade floors, Building and Environment, 2001, (36): 637 -655.